공터에 활기를

국토연구원
「세계 국·공유지를 보다」 시리즈 **02**

공터에 활기를

그린 인프라 네트워크의 계획과 실천

초판 1쇄 펴낸날 2020년 12월 18일

지은이 산드라 알브로

기획 국토연구원 국·공유지 연구센터

옮긴이 서울대학교 통합설계·미학연구실

펴낸이 박명권

펴낸곳 도서출판 한숲 | 신고일 2013년 11월 5일 | 신고번호 제2014-000232호

주소 서울특별시 서초구 방배로 143. 2층

전화 02-521-4626 | 팩스 02-521-4627 | 전자우편 klam@chol.com

편집 남기준 | 디자인 이은미

출력·인쇄 한결그래픽스

ISBN 979-11-87511-23-6 93530

값 17,000원

공터에 활기를

그린 인프라 네트워크의 계획과 실천

산드라 알브로 지음
국토연구원 국·공유지 연구센터 기획
서울대학교 통합설계·미학연구실 옮김

Vacant to Vibrant

CREATING SUCCESSFUL GREEN INFRASTRUCTURE NETWORKS

도서출판

한숲

키워드

버팔로(Buffalo, New York), 클리블랜드(Cleveland, Ohio), 합류식 하수량(combined sewer output),
주민 참여(community engagement), 낮은 경계석(curb cut), 인구 통계(demographics),
빗물 홈통 분리(downspout disconnect), 공정성(equity), 긴급구제기금(Hardest Hit funds), 건강(health),
게리 시(Gary, Indiana), 지리정보시스템(GIS), 오대호(Great Lakes), 그린 인프라(green infrastructure),
유산 도시(legacy cities), 유지 관리(maintenance), 토착 식물(native plants),
지역 사회 안정화(neighborhood stabilization),
지속가능한 주거를 위한 시민 연대(People United for Sustainable Housing, PUSH),
탈산업 도시(post-industrial city), 빗물 정원(rain garden), 레크리에이션(recreation), 안전(safety),
쇠퇴 도시(shrinking cities), 사회적 정의(social justice), 돌봄 의식(stewardship),
빗물 관리(stormwater management), 빗물 유출(stormwater runoff), 도시계획(urban planning),
유휴지(vacant lot), 공터에 활기를(Vacant to Vibrant), 수질(water quality), 인력 개발(workforce development)

차례

책을 펴내며

국토연구원 국·공유지 연구센터는 우리나라 국·공유지 정책을 체계적, 지속적으로 연구하기 위해 2019년 설립되었습니다.

우리나라 국·공유지 정책은 국·공유지를 처분 위주에서 유지·보전 중심으로, 최근에는 적극 활용에 초점을 맞추는 정책으로 변화해 가고 있습니다. 정부 입장에서는 경제 활력 제고, 국가균형발전, 생활SOC 확충 등 공익을 위해 국·공유지를 활용하는 것이 중요하다고 여기고 있습니다. 또한 미래 세대를 위해 국·공유지의 가치를 높이고, 보다 효율적으로 관리하려는 노력도 하고 있습니다. 국토연구원 국·공유지 연구센터도 정부와 발맞추어 성공적인 국·공유지 정책을 만들기 위한 노력을 수행할 것입니다.

국토연구원 국·공유지 연구센터에서 이번에 기획한 「세계 국·공유지를 보다」 시리즈는 유휴 국·공유지에 주목하는 세계 각국의 정책 이야기가 담겨져 있습니다. 이 시리즈 발간물이 그 중요성에도 불구하고 그간 부족했던 우리나라 국·공유지 연구의 시작점이 되기를 기대합니다.

이 시리즈물이 발간되는 과정에서 함께 애써주신 국토연구원 국·공유지 연구센터 관계자분들께 감사드립니다.

국토연구원 원장 강현수

책을 옮기며

이 책은 「세계 국·공유지를 보다」 시리즈의 일환으로 기획된 번역서로 도시 안에 남겨진 유휴지를 빗물 조절 기능을 가진 공원으로 변화시킨 '공터에 활기를Vacant to Vibrant' 프로젝트를 소개합니다. '공터에 활기를' 프로젝트는 2012년 클리블랜드 식물원 직원 세 명이 미국 오대호 주변 도시로 유휴지 답사를 떠난 계기로 시작되었습니다. 이 프로젝트는 그중 세 도시인 게리 시Gary, 버팔로Buffalo, 클리블랜드Cleveland의 9개 대상지에서 도시 유휴지를 빗물 공원으로 탈바꿈시킨 그린 인프라 전략을 제시하고 있습니다. 저자인 산드라 알브로Sandra L. Albro는 '홀던 숲과 정원Holden Forests & Gardens'이라는 단체의 연구원으로서 도시 유휴지의 생태적·사회적 가치를 탐색하는 연구를 진행하고 있으며 '공터에 활기를' 프로젝트를 직접 맡아 수행하였습니다.

이 책은 프로젝트의 생생한 수행 경험에 기반하여 설계가와 활동가, 노동자와 정책 입안자를 포함한 여러 도시 녹화 실무자에게 도움이 되는 친환경적이고 주민 참여적인 실천 방안을 제시합니다. 하수도 시스템 노후와 유휴지 난립이라는 이중고를 겪고 있는 도시에 빗물 공원이라는 그린 인프라 전략을 도입하는 것은 두 가지 문제를 통합적으로 해결한다는 데 의미가 있습니다. 또한 각각의 도시 녹화 프로젝트가 시작된 배경부터 사전 조사, 계획과 설계, 세부 지침, 유지 관리 방안까지 수행 과정 전반을 포괄적으로 다루면서도 개별적인 소규모 유휴지의 사례 소개에 그치지 않고, 그린 인프라 전략을 보다 광범위한 네트워크로 확장하기 위해 고려할 점을 제시합니다. 도시 녹화 프로젝트를 진행하는 실무자들에게 새롭고 유용한 유휴지 활용 전략과 그 실제를 예시하는 가이드북으로서 일독을 권합니다.

오늘날 탈산업화는 북미와 유럽을 넘어 전 세계로 확장되고 있습니다. 산업을 중심으로 형성된 많은 현대 도시들의 탈산업화로 인해 도시 내부에는 이용하지 않는 유휴지가 지속적으로 증가하고 있습니다. 우리나라의 경우도 마찬가지입니다. 유휴지를 어떻게 친환경적이고 주민 참여적인 공간으로 만들 것인지 연구가 필요한 시점입니다. 이 책에 담긴 구체적이고 실천적인 사례를 계기로 여러 연구 기관과 연구자가 한국 도시의 유휴지를 다루는 그린 인프라 전략을 함께 탐구하기를 바랍니다.

서울대학교 통합설계·미학연구실

김명신, 손은신, 신명진, 임한솔

서문
「공터에 활기를」이 나오기까지

2012년, 클리블랜드 식물원 직원 세 명이 오대호Great Lakes 주변 도시의 유휴지가 어떻게 활용되고 있는지 확인하기 위해 답사를 떠났다. 20년간 도시농업 관련 업무를 담당했기에, 우리는 도시농업이 지역의 사회 조직을 어떻게 개선하는지 이미 피부로 체감하고 있었다. 클리블랜드를 비롯한 오대호 인근 도시에서 유휴지가 계속 늘어나고 있기는 하지만 도시농업이 고되다는 점에서 유휴지를 생산적으로 되돌릴 수 있는 다른 방안에 관심이 생겼다. 도시농업보다 비용과 노동력은 적게 들어가되 수십 년간의 환경 문제와 도시 쇠퇴를 개선할 수 있는 또 다른 유휴지 전용 방법이 있을까?

밀워키, 시카고, 디트로이트 등 다른 도시와 마찬가지로, 클리블랜드 역시 식물원을 중심으로 도시농업 운동이 발전해 왔다. 20년간 식물원이 운영해 온 청소년 대상 프로그램인 녹색단Green Corps 도시농업은 한 도시 농장에서 여섯 개의 농장으로 확장되었고, 적절한 가격대의 신선한 음식 재료를 구하기 힘든 도시 지역에서 매년 여름마다 최대 90명의 고등학생에게 신선한 작물을 기르고 수확하고 판매하는 체험을 제공해왔다. 유휴지를 경작해 온 우리의 경험에 빗대어 봤을 때, 농업이 청소년에게 가치 있는 삶의 경험을 만들어 준다는 점은 확실했다. 농장이 유휴지의 흉물을 치우고 생산성을 되찾아 준다는 면에서 커뮤니티의 자산이 된다는 점 역시 확연했다. 이 농장들은 방과 후 시간을 보내거나 신선한 채소를 구매하고 또는 그저 가만히 서서 작물이 자라나는 것을 관찰하기도 하는, 사람들이 모이는 장소가 되었다.

우리는 이 농장들이 눈에 보이는 도시농업의 장점 외에 눈에 보이지 않는 혜택을 준다고 보았다. 오하이오 주립대학교Ohio State University 연구진은

2009년 클리블랜드의 도시 농장과 커뮤니티 정원의 익충beneficial insects을 연구하기 시작했다. 연구 결과에 따르면 도시 농장은 다양한 종류의 벌, 개미, 이로운 효과를 내는 포식성 말벌 등의 서식처가 되고 있었다. 이는 유휴지에서도 동일하게 나타났으며 때로는 놀라운 수준에 도달했다.[1]

오버린 대학Oberlin College의 또 다른 연구에 따르면 도시 농장과 커뮤니티 정원이 해당 커뮤니티에 가시적인 경제적 효과를 제공했으며, 근접 지역의 지가를 3.5% 가량 상승시켰다.[2] 문제는 겨우 2,500달러(평균적인 유휴지)나 15,000달러(단독가구 주택 기준)에 대한 연간 3.5%의 부동산 지가 상승만으로는 쇠퇴하는 지역을 경제적으로 원상 복귀하기에 역부족이었다는 점이다.

많은 장점에도 불구하고 여전히 도시농업은 고된 일이다. 도시의 토양을 생산적으로 돌려놓는 작업은 힘든 육체노동이다. 작물이 자랄 수 있는 수준으로 토양의 유기물과 용수량을 회복시키기 위해서는 많은 양의 음식물 쓰레기, 짐승 배설물, 퇴비, 깎은 잔디 더미, 종이 쓰레기 등이 요구된다.[3] 대부분의 농경과 마찬가지로 도시농업의 수익률은 낮은 편이며 경제적 지속가능성을 이루기 매우 어려운 편이다. 도시농업 교육 프로그램이 종종 보조금을 통해 지원되긴 하지만, 농부 개인이 도시농업을 통해 얻은 소득으로 생활을 영위하기는 어렵다. 도시의 토양은 생산성이 낮아 식물이 자라기 어렵고, 수익마저도 토지 임대료, 수분 공급, 자산 보호 등에 대부분 소비된다.

식물원에서의 도시농업 경험은 유휴지 전용에 관한 우리의 전문성을 높여주었다. 지역민은 자신들이 어떻게 도시 녹화를 실천할 수 있을지 질문하기 시작했다. 동시에 대규모 압류 사태*로 인한 철거가 가속화되던 상황에서는 도시농업만으로 수천 개의 유휴지를 전용하는 규모에 도달하기란

----

* 역자 주: 여기서 언급한 압류 사태(foreclosure crisis)란 2007년부터 2010년까지 이어진 미국의 서브프라임 모기지 사태(subprime mortgage crisis)를 의미한다. 비우량 대출자가 증가함에 따라 결과적으로 수많은 주택이 압류되었고, 디트로이트와 같은 오대호 근방의 도시에서 대규모 철거가 일어나거나 빈집 지역이 생겨났다.

역부족임을 알 수 있었다. 도시농업에 적절하지 않은 장소의 경우, 토지를 어떤 용도로 이용해야 사회적, 환경적 자산을 구축할 수 있을까? 도시농업 운동이 지닌 사회적 정의의 관점이 어떤 방법으로 도시 환경 프로젝트의 영향력을 확장할 수 있을까? 도시농업에 들어가는 많은 시간과 노동, 자본으로 인근 지역에 유사한 사회적, 환경적 혜택을 줄 수 있는 다른 방식의 유휴지 전용 방법을 찾기 시작했다. 우리는 클리블랜드에서 오대호 유역의 양쪽 끝으로, 서쪽으로는 시카고와 밀워키, 동쪽으로는 버팔로와 토론토까지 이어지는 자동차 여행을 통해 이 새로운 프로젝트가 갖출 모습을 구상하게 되었다.

빗물 관리 그린 인프라로서의 유휴지

우리는 자동차로 여행하며 미국의 오대호 도시들 사이의 여러 유사점을 발견할 수 있었다. 여러 도시가 이미 수십 년간 인구 감소를 겪고 있었다. 2000년대 중반 시행된 토지은행법Land Bank Legislation은 미시간 주와 오하이오 주의 빈집 철거와 유휴지 생성을 간소화하는 효과를 냈다. 2010년 연방 정부에서 긴급구제기금Hardest Hit Fund을 만들었을 때, 토지은행 중 일부가 효과적으로 기금을 확보해 철거 작업을 크게 늘릴 수 있었다. 도시들은 그때까지 '어두운 그림자'라고 여겨지던 유휴지의 밀도가 올라가며 생겨난 새로운 문제를 고심하기 시작했다.

　도시들이 대량의 유휴지를 본격적으로 다루기 시작할 무렵, 수질관리법 Clean Water Act에 따라 각 도시의 하수도 시스템에 상당한 개선을 요구하는 미국 환경보호국Environmental Protection Agency(USEPA)의 동의의결consent decree * 은 점진적으로, 또 구체적으로 도시들을 압박하기 시작했다. 환경보호국

＊ 역자 주: 동의의결(consent decree)이란 유죄를 인정하거나(형법) 법적 책임(민법) 없이 두 이해관계자 간의 분쟁을 해결하는 동의 혹은 합의. 즉 상호 동의된 의결을 의미하며 주로 미국의 사례를 지칭한다. 동의의결 과정은 피고와 원고가 법률 주체(대부분의 경우 담당 법원을 의미)의 개입을 요청하며 동의 의결 결정에 서명을 한 법률 주체는 이해관계자 간 금전적 교환이나 관계 재구축 등 의결의 이행을 감독한다.

의 이 전략은 매해 오대호로 흘러 들어가는 미처리 합류식 하수도 월류수combined sewer overflow(CSO) 240억 갤런을 감소시키는 데 효과적인 방식임이 증명되고 있었다. 2010년, 클리블랜드가 속한 오하이오 동북권 하수도 구역Northeast Ohio Regional Sewer District(NEORSD)은 마침 빗물 관리 그린 인프라를 허가된 하수도 개선 방식에 포함시키는 첫 번째 동의의결에 관한 협상을 마친 때였다. 이 사례는 미국 타 지역의 유사 성공 사례와 함께 빗물 관리 그린 인프라에 대한 지역의 관심을 높였다.

　여러 도시가 인프라 개선과 유휴지라는 이중고를 겪고 조세 기반 감소라는 난관까지 버티고 있던 2010년, 이 두 가지 문제의 해결책 사이에서 접점을 찾기란 어려웠다. 오대호 지역에서 그린 인프라를 적용한 초창기 도시에 속하는 밀워키와 시카고의 경우, 인프라 개선은 주로 유휴지가 적은 곳보다 부유한 지역에 적용되고 있었다. 조성되는 빗물 관리 그린 인프라의 유형은 규모가 크고 시선을 끄는 고비용 시설이었다. 이런 거대한 모관 저류retention basin 혹은 중력 저류detention basin는 하수 분리나 도로 재포장과 같은 다른 도시 자산의 개선과 함께 이루어져 각 빗물 관리 프로젝트로 배수되는 최대 표면적을 확보했다. 이 접근 방법은 서로 근접한 여러 토지를 합병할 수 있는 장소로만 한정되었다. 또한 그린 인프라의 빗물 처리 기능에 대한 의구심 때문에 여러 친환경 빗물 관리 모범 사례마저도 월류수 처리를 이유로 여전히 하수도에 연결된 상황이었다. 이 시기, 미국 환경보호국과 지질조사국US Geological Survey은 주거 지역 내 소규모 유휴지의 투수성에 대한 연구를 진행하며 유휴지가 예상보다 많은 빗물을 포집할 수 있다는 것을 발견하고 있었다.[4]

유휴지의 새로운 활용법

이 책은 소규모 유휴지를 '빗물 공원'(빗물 조절 기능을 지닌 포켓 공원)으로 탈바꿈시키는 '공터에 활기를Vacant to Vibrant' 프로젝트를 지난 7년 동안 진행하며 얻은 통찰을 담고 있다. 이 프로젝트는 과도한 유휴지, 노후한 하수 인프라, 쇠퇴한 지역 사회라는 탈산업 도시의 세 가지 문제를 해결하고자 발의되었다. 미국의 오래된 제조업 도시에서 발견되는 종합적 문제를 다루고자 시작되었으나, 여기서 얻은 교훈이 같은 문제에 대한 해결책을 찾고 있는 다른 도시와 지역에서 유용하게 활용되기를 바란다.

이 책은 세 도시의 여러 프로젝트 팀이 얻은 집합적 경험을 바탕으로 설계가와 활동가부터 노동자와 정책 입안자까지 다양한 도시녹화 실무자를 위해 쓰였다. 하나의 도시 녹화 프로젝트의 시작부터 끝까지 전체를 포괄적으로 볼 수 있는 다양한 조사 결과가 포함되어 있다. 성공적인 결과와 실패가 모두 중요한 교훈을 주기에 우리는 양면을 모두 솔직하게 담았다. 이 프로젝트가 단순히 반복되기보다 책에서 설명하는 과정과 시사점, 설계와 기법이 개선되고 발전되기를 바란다.

1장과 2장은 미국 탈산업 도시가 오늘날에 이르기까지 있었던 여러 과정에 대한 개요이다. 다량의 도시 유휴지 형성, 미래 기후와 인구 문제 대응을 위해 혁신이 요구되는 노후 하수도와 빗물 관리 인프라, 조성 당시의 경제·사회적 조건을 여전히 방증하는 여러 도시 지역들을 다룬다. '공터에 활기를' 프로젝트는 세 도시의 빗물 공원을 계획, 실천, 유지하며 유휴지를 그린 인프라로 재생하는 데 장애가 되는 체제의 장벽에 도전하고자 했다. 우리는 이 책에 여러 유형의 도시 녹화 프로젝트에 적용 가능한 몇 가지 시사점을 담았다.

2장에서는 프로젝트의 실천에 도움이 되는 연구 조사(비록 그린 인프라의 현실적 측면과는 거리가 있더라도) 사례를 제시하였다. 이를 통해 장소의 특정 속성을 바탕으로 부지 선정, 시민 참여, 프로젝트 설계의 가능성을 보았다. '공터에 활기를'이 전개된 세 곳의 도시에서 제조 공장을 지탱해 온 도시 지역을 구축하고 해체시켰던 사회적 역학을 탐구하였다. 3장과 4장에서는 '공터에 활기를' 프로젝트가 유휴지 이용, 빗물 관리, 지역 사회 안정화라는 도시의 요구를 충족시키기 위해 도시 녹화 프로젝트를 계획하고 조성하는 데 적용한 접근 방법의 세부 내용을 제시하였다. 5장에서는 프로젝트의 수행 능력, 유지 관리에 대해 어렵게 얻은 시사점, 그리고 어떻게 문제를 예상할 수 있는지를 다루었다. 마지막으로 6장에서는 도시 녹화 프로젝트를 인프라 규모로 확장하기 위해 남아있는 장애물과 대규모 그린 인프라 네트워크를 형성하는 차원에서 유휴지의 잠재력을 논의하였다.

더 건강한 도시 사회를 만들고 미래의 경제적·환경적 위협으로부터 보호하기 위해 필요한 도시 내 녹지 공간의 규모는 하나의 접근법으로 해결하기에 너무 거대하다. 궁극적으로 '공터에 활기를' 프로젝트는 그동안 간과해 온 장소의 잠재력을 발견하고 도시 내 녹지 공간이 어떻게, 누구를 위해 지속되도록 조성할 수 있는지를 재검토하는 작업이다.

----

1. Mary M. Gardiner, Scott P. Prajzner, Caitlin E. Burkman, Sandra Albro, and Parwinder S. Grewal, "Vacant Land Conversion to Community Gardens: Influences on Generalist Arthropod Predators and Biocontrol Services in Urban Greenspaces," *Urban Ecosystems* 17, no.1 (2014): 101-122.

2. Md Rumi Shammin, Walter E. Auch, and Laura Rose Brylowski, "Triple-BottomLine Analysis of Urban Agriculture as a Solution to Vacant Land Repurposing: A Case Study of Cleveland. A Report for Cleveland Botanical Garden for Great Lakes Protection Fund Project 949," Oberlin College, Oberlin, OH, November 2012, http://www.cbgarden.org/userfiles/files/Vacant-to-Vibran t/Benefits-of-Urban-Agriculture-White-Paper-2012.pdf

3. 많은 철거업자가 뒤채움 재료로 낮은 품질의 흙을 사용해 왔다. 최근 몇 년 전에야 뒤채움 소재의 유기물 및 기타 토양 구성의 최소 기준이 마련되었기 때문이다.

4. Brian C. Chaffin, William D. Shuster, Ahjond S. Garmestani, Brooke Furio, Sandra L. Albro, Mary Gardiner, Malisa Spring, and Olivia Odom Green, "A Tale of Two Rain Gardens: Barriers and Bridges to Adaptive Management of Urban Stormwater in Cleveland, Ohio," *Journal of Environmental Management* 183 (2016): 431-441.

1장
유휴지와 빗물 관리 그린 인프라

도시 내 녹지 공간urban green space이 도시에 제공하는 혜택은 꾸준히 입증되어 왔다. 도시 내 녹지 공간은 공기 여과, 빗물 관리, 온도 조절[1] 등과 같이 지극히 중요한 서비스의 지출을 줄여 준다. 또한 인근 부동산의 가치를 높여 주고 상업을 장려하며 폭력 범죄의 발생을 감소시킨다. 또한 인체 건강 개선 효과가 증명되었는데,[2] 스트레스를 감소시키고[3] 운동을 권장하며[4] 호흡기 질환으로 인한 질병과 사망을 감소시키는 것으로 알려져 있다. 지역 안정에 기여했던 이러한 혜택들을 제공하기 위해 '공터에 활기를Vacant to Vibrant' 프로젝트가 착안되었다. 우리는 지역 환경과 사회 구조 개선을 목표로 탈산업 도시 세 곳에 있는 소규모 유휴지에서 도시 내 녹지 공간 구축 프로젝트를 진행했다.

'공터에 활기를'은 해시태그 #vacant2vibrant로 시작되었으며, 2009년과 2010년[5] 다양한 분야의 회의에서 논의를 이루어가는 데 중요한 역할을 했다. 주와 연방의 자금이 도시 쇠퇴 지역을 없애고 버려진 건물을 철거하는 데 투자되면서 유휴지의 목록이 늘어났으며, 그로 인해 발생하는 문제를 공유하고 규명하기 위해 오대호 지역 11개 도시에서 온 시 정부, 하수 및 빗물 관리 부서, 도시 녹화 기구 등 전문가 수십 명이 만났다. 우리는 기존의 유휴지 재사용 노력에 대해 이해하고, 이러한 노력이 해당 도시의 환경 계획을 어떻게 보완할 수 있는지 탐구하고자 했다.

이 과정에서 모임에 참석한 이들은 오대호 지역의 많은 도시에 공통적으로 필요한 세 가지 영역을 정의했다.

- 비생산적이고 많은 유지 관리 비용이 소요되는 다량의 유휴지
- 기후 변화에 직면하여 빗물 관리 개선이 필요한 구식 하수 시스템
- 수십 년간의 산업 쇠퇴로 인한 환경적·사회적 영향을 겪은 지역

'공터에 활기를'은 소규모 공원, 빗물 관리 그린 인프라, 도시농업과 '깨끗하고 푸르게clean-and-green' 지역 안정화 프로젝트처럼 미국 전역 곳곳에서 수행된 혁신적인 유휴지 재사용 작업을 활용했다. 주된 초점은 오대호 생태계에 혜택을 제공하기 위한 유휴지 사용법을 찾아내는 것이었지만, 도시 지역 사회의 사회적·환경적 요구를 동등하게 강조한다는 점에서 '공터에 활기를'은 당시 구현된 많은 환경 프로젝트와 달랐다. 유휴지 재사용, 빗물 관리 그린 인프라, 지역 활성화를 결합하려는 시도는 다양한 토지 이용 전략들이 단일 부지 안에 중첩될 수 있는지를 실험하는 것이었다.

이 프로젝트에는 오대호 지역의 세 도시인 인디애나 주 게리 시Gary, Indiana, 오하이오 주 클리블랜드 시Cleveland, Ohio, 그리고 뉴욕 주 버팔로 시Buffalo, New York의 각각 한 지역 내에서 선정된 유휴지 세 곳의 개선이 포함되었다. 우리는 지역 안정화 혜택을 받을 수 있는 낙후 지역을 대상으로 그 지역의 요구에 알맞은 도시 녹화 접근 방식을 개발하기 시작했다. 빗물 정원이 각 필지에 추가되었으며, 주민들의 레크리에이션 활동을 지원하는 조경이나 설비가 추가되었다. 레크리에이션 유형은 걷기, 조류 관찰, 피크닉과 같이 매우 정적인 것에서부터 핸드볼이나 활동적인 놀이처럼 더 동적인 것까지 다양했다. 가능하면 잔디를 화단이나 유지 관리가 쉬운 식물로 대체하여 잔디 깎기를 줄이고 생물 서식지를 추가했다. 우리는 각각의 조성 비용을 7,000~35,000달러(평균 18,000달러)로 설정하여 총 9건의 타입을 반복해서 적용할 수 있게 했다.

이러한 접근 방식은 밀워키, 시카고, 클리블랜드의 집합적 유휴지에 시

행된 대규모 빗물 관리 프로젝트와 대조적이었다. 또 미국 전역의 많은 도시에서 안정화되고 젠트리피케이션이 진행된 동네에 건설 중인 녹색 가로나 소규모 빗물 관리 프로젝트와도 달랐다. '공터에 활기를'은 프로젝트 자체의 수립을 넘어 도시가 그린 빗물 관리를 '인프라' 수준까지 키우고자 할 때 필요한 체계적 변화와 수정으로 이어지는 과정과 시사점을 기록하려는 시도였다. 세 도시는 제조업 도시가 낡은 시스템에 새로운 녹색 기술을 적용하고자 할 때 어떤 어려움을 겪는지 각각의 사례를 제공해 주었다.

이 장에서는 수천 에이커의 유휴지를 발생시키는 인구 감소가 기존의 도시 인프라를 구식으로 만드는 데 어떠한 영향을 미치는지 알아본다. 결과적으로, 과세 표준과 납세자 기반이 축소되는 도시는 규제를 준수하기 위해 대규모 하수도 인프라 개선 문제와 씨름하고 있다. 양질의 환경이 주는 혜택을 위해 유휴지를 재사용할 때 어디에서, 무엇이 연동하는 두 가지 문제의 해결책을 만들어 왔는지 제시할 것이다.

과도한 도시 유휴지

19세기 후반에서 20세기 초, 미국 도시에는 공업화 확산의 붐이 일었다. 오대호 인근 지역의 도시는 오대호의 담수를 활용해서 생산성을 높일 수 있었고, 국제 운송을 할 수 있었기 때문에 철강업과 제조업이 빠르게 성장했다. 대도시는 작은 마을과 미개발 토지의 병합을 통해 동부, 농촌 지역 및 해외의 노동자가 다수 유입되도록 지원했다. 대도시는 확장된 영역에 도로, 하수도, 기타 인프라 시설을 마련했다. 강과 해변은 검게 그을리고 불이 나기도 했지만, 이런 손실은 성장의 대가였다.

제2차 세계대전이 끝나고 지역 내 제조업이 쇠퇴함에 따라 도시 경제는 중공업과 점차 멀어졌다. 캐나다 측에서는 경공업과 기술, 서비스 부문을 수용하기 위한 초기 경제 다각화가 1970년대 인구 증가를 촉진시켰고 오늘날까지 계속되고 있다.[6] 그러나 국경을 건너 디트로이트나 버팔로로 조금만 운전해 오면 미국의 오대호 도시는 빠르게 적응하지 못했다는 점을 한눈에 알 수 있다. 자동화와 수입으로 인한 일자리 손실은 미국의 인종 차별로 인해 더 악화되었다. 학교와 지역 사회의 인종 차별 폐지는 백인의 교외 이주와 도시 확산을 부채질했고 도시 지역의 인구 통계를 완전히 바꾸어버렸다.

미국의 많은 탈산업 도시는 1960년대부터 계속해서 인구 감소를 겪었다. 어떤 도시(디트로이트, 게리 시, 플린트)에서는 지역 전체 인구가 전반적으로 감소했다. 어떤 도시(시카고, 필라델피아, 뉴욕)는 인구 감소와 투자 회수가 특정 지역에 집중된 반면, 다른 지역은 계속 성장하기도 했다. 1990년대에는 쇠락해 가는 도심을 둘러싸고 번성하는 도시 교외에 도넛 형태로 지역 인구가 도심보다 더 많이 거주하는 것이 일반적이었다.[7] 오늘날 인구 감소의 둔화에 따라 도시에는 더 교육 수준이 높고 젊은 주민들이 유입되고 있다. 도심의 성장과 지속적인 교외 개발은 쇠락해가는 도시 주변을 사이에 두고 진행되고 있다. 도시 쇠퇴 문제는 젠트리피케이션 문제로 대체되고 있다. 도시 쇠퇴는 지속되는 현상이라기보다는 도시 생활주기에서 도시 성장에 선행하는 하나의 단계라고 생각되기 시작했다.[8]

오대호 인근에 위치한 도시는 특히 1970년대 이후 지역 산업 감소로 인한 공백의 영향을 받았으며, 대도시 20개 중 14개가 40년 동안 15~45%의 인구 감소를 경험했다.[9] 인구 감소가 유휴지의 양에 따라 어떻게 달라지는지는 대규모 철거 작업을 수행할 수 있는 도시의 역량에 달려 있다. 어떤 도시는 다른 도시보다 더 빠르고 쉽게 철거를 할 수 있다. 그러나 유휴지는 수십 년의 인구 감소를 겪은 도시들만의 전유물은 아니다. 급속한 확장을 겪은 도시나 지리적 환경 혹은 정책으로 인해 무분별하게 성장한 도시 등, 미국 전역 대부분의 도시에는 많은 유휴지가 존재한다.[10] 주택 철거 외에도 유휴지를 만드는 다른 조건으로는 토양 오염, 개발 불가능한 경사면, 고속도로 및 도시 확장에 의해 남겨진 이상한 모양의 필지 등이 있다. 인구 및 경제 성장률 둔화, 탈산업화, 교외화, 세계화로 인해 도시의 인구가 감소한 유럽과 아시아의 여러 국가들은, 유휴지를 재사용하는 생

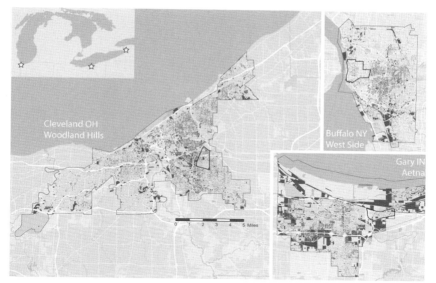

그림 1-1. 지난 수십 년 동안 심각한 인구 감소를 겪은 많은 탈산업 도시와 마찬가지로 이 책에 나오는 '공터에 활기를'의 세 도시인 오하이오 주 클리블랜드 시, 뉴욕 주 버팔로 시, 인디애나 주 게리 시에는 다량의 유휴지가 있다.
출처: NEOCANDO 및 클리브랜드 시, 버팔로 시, 게리 시

산적인 방법을 모색하고 있다. 미국 일부에서와 마찬가지로 이러한 해외의 상황은 환경 문제, 인프라 노후화, 많은 유휴지로 인해 고심하는 도시 지역의 등장을 불러왔다.[11]

도시가 성장하는 동안 소규모 주거용 택지가 개발되고, 산업이 쇠퇴하면서 재산 포기와 압류, 빈 구조물 철거가 광범위하게 이어지면서 중서부 및 북동부 지역에서는 도시당 수백 또는 수천 개의 유휴지가 발생했다(그림 1-1).[12] 유휴지는 과거의 산업적 이용으로 인해 오염된 대규모 필지로서 발생할 수 있지만, 도시의 유휴지는 더 일반적으로는 길모퉁이에 점점이 주거지 사이에 끼어 있는 작은 주거용 혹은 상업용 필지의 형태를 취한다. 폐기와 철거의 파편적인 특성으로 인해 인구 감소율이 매우 높은 지역을 제외하면 일반적으로 유휴지는 서로 연결되어 있지 않다(예: 클리블랜드에서

는 유휴지의 85%가 3개 이하의 인접한 필지이다. 빈 토지의 96% 이상이 0.2헥타르보다 작다). 다양한 토지 이용 이력, 숫자, 축소된 도시의 제한된 자원 외에도 공간과 시간에서 유휴지를 분리함으로써 유휴지를 생산적으로 이용하기 어렵게 만들었다.

제조업 도시에서 인구가 유입되고 경제가 안정되자 도시의 개발 계획은 더 시급한 현실로 다가왔다. 미시간 주 플린트 시와 오하이오 주 영스타운 시처럼 규모가 작고 단일 기업 위주의 제조업 도시는 장기적으로 인구가 감소하리라는 전망에 맞추어 도시 인프라를 축소할 계획이다. 이보다 좀 더 규모가 큰 대부분의 도시들은 축소를 기피하면서 이 현상을 비관적으로 전망한다. 이 도시들은 활기찬 미래가 어떤 모습일지 조심스럽게 모색하는 중이다.

특히 담수가 풍부한 지역 가까이에 위치한 쇠퇴 도시들shrinking cities은 미래의 성장을 위한 준비가 되어 있다. 한때 미국 동부 도시들을 매력적인 제조업 도시로 만들었던 강과 호수의 복원에 대한 새로운 관심이 높아지고 있으며, 미국 남서부와 서부에서 발생할 물 부족 문제는 미래의 경제 성장을 위한 풍부한 담수의 잠재력을 강조했다. 이 도시들에서 깨끗한 물은 자산으로 재발견되고 있다. 육지에서는 이전 시대에 대한 향수가 북아메리카의 여러 도시(오하이오 주 클리블랜드 시, 일리노이 주 록퍼드 시, 캐나다 온타리오 주 런던 시, 메인 주 포틀랜드 시, 코네티컷 주 미들타운 시)에서 공유되었던 '숲의 도시forest cities'라는 별칭을 되찾으려는 열망을 다시 불러 일으켰다. 환경 규제를 따르는 문제와 불확실한 기후 문제는 기후 회복 탄력성climate resilience이라는 렌즈를 통해 물과 나무를 바라보려는 계획에 박차를 가하고 있다.

미국 탈산업 도시의 높은 도시 유휴지 비율은 일반적으로 '낙후 지역'으로 간주되는 유휴지가 새로운 스마트-기후 방식의 도시 재개발 기회를 제공하기도 한다. 제조업이 감소한 탈산업 도시의 이면에는 활용되지 않은 녹색 공간이 지역 경제와 거주자 및 환경에 기여하는 활기찬 지역으로 스스로를 재창조할 수 있는 기회가 존재한다.

도시 내 녹지 공간으로서의 유휴지

유휴지가 많이 발생하는 시기에 '긴 역사를 가진legacy' 도시들은 유휴지를 그저 활용하는 것이 아니라 의도적으로 계획함으로써 이전의 개발 패턴에서 벗어날 기회를 갖는다. 대신에 그들은 더 조밀하고 공평하게 분포된 녹지 공간을 계획함으로써 미래의 위협에 보다 탄력적인 대응이 가능한 녹색 도시로 스스로를 재창조할 수 있다. 또한 높은 밀도로 성장한 도시로부터 교훈을 얻음으로써 녹지 공간을 인구 밀집 지역으로 개조하려는 시도와 관련해 차후 발생할 수 있는 비용과 문제를 피해갈 수 있다.

토지의 사용 용도에 따라 세금이 부과되는 경우 유휴지를 관리하는 것은 일시적인 문제로 치부되기도 한다. 이 경우 계획가들은 유휴지가 어디에 좋은 것인지 궁금해 하지 않을 것이다. 유휴지 관리에서 더 중요한 점은 재개발을 앞둔 유휴지의 일시적인 용도를 찾는 것을 뛰어넘어 다양한 가능성을 지닌 활기찬 도시에서 최적의 장기적 필지 이용을 결정하는 데 도움을 주는 것이다. 여기에는 유휴지를 어떻게 재개발해야 하는지 혹은 전면 재개발해야 하는지 등에 대한 기준 마련이 포함된다. 도시 내 녹지 공간이 제공하는 생태적·사회적 혜택과 그 혜택의 금전적 가치를 포함한 모든 혜택을 설명함으로써, 도시 녹화 실무자는 정보에 입각한 의사 결정을 재개발 계획 프로세스에 통합할 수 있다. 적당한 녹지 공간을 확보하는 것은, 수십 년 동안 토지를 개발하고 병합해 온 많은 도시가 경험한 바에 따르면 좋은 정책임이 분명하다.

태평양 연안 북서부와 같은 지역에서는 그린 인프라가 채택된 반면, 제조업 도시는 전통적인 엔지니어링 방식의 정확성을 선호하는 경향이 있다. 도시 중심부의 광범위한 녹지화는 도시 내 녹지 공간을 많이 포함하지 않는 고밀도 지역의 소박한 도시 주택의 기존 개발 방식과 충돌한다. 그러나 풍부한 유휴지와 녹색 일자리에 대한 관심은 노동자가 거주하는 지역에서 그린 인프라의 잠재력에 주목하도록 밀어붙이고 있다.

클리블랜드의 슬라브인 마을Slavic Village은 1950년대까지 공업 도시에서 지속되었던 개발 방식을 잘 보여준다. 거리를 따라 40×100피트의 좁고 긴 필지에 2층이나 3층 규모로 지어진 식민지 시대의 주택들이 줄지어 있다. 분리된 차고와 때로는 조국에서 온 가족을 수용하기 위한 또 다른 작은 집이 필지의 뒤쪽을 가득 채웠다. 많은 수목들이 베어졌다. 오늘날 슬라브인 마을에 있는 필지의 약 4분의 1은 비어 있고 버려진 많은 집에 대한 각종 민원이 제기되었다. 이들은 건물 철거를 통해 유휴지로 전환되기를 기다리고 있다.

그럼에도 클리블랜드와 여타 지역의 시 공무원과 주민 다수는 여전히 도시 전성기의 상징으로서, 현재 우리가 알고 있는 하수 역류로 하수도 범람의 원인이 되는 불투수성 표면으로 가득 찬 복잡한 필지의 중세적 이미지에 집착하고 있다. 현대의 개발 방식으로 전환되어야 한다는 명백한 증거에도 불구하고, 그들은 모든 필지가 이전대로 이용될 때 도시가 다시 건강해질 것이라고 여전히 믿고 있다.

이 생각은 명시적으로는 언급되지 않지만, 일부 유휴지를 영구적 도시 내 녹지 공간으로 보존하는 데 실패한 계획의 행간에서 감지할 수 있다. 많은 도시의, 특히 밀집되거나 빠르게 성장하는 지역 사회에서 도시 내 녹지 공간의 보존이나 생성을 강제하는 규제가 거의 없다. 보다 평등하고 걷기 좋고 기후 회복탄력성이 좋은 지역 사회를 구상할 수 있는 현시대의 기회라는 프레임에도 불구하고 말이다. 이 같은 도시 중 상당수가 임시 보유 전략으로 유휴지를 녹지 공간으로 활용하는 것을 장려하고 있으며, 임시 유휴지 재사용 전략을 위한 방법이 수록된 개발 계획 책이 그 주를 이룬다.[13] 미국 주택도시개발국US Department of Housing and Urban Development은 이 주제에 대한 안내 책자 '일시적 어바니즘Temporary Urbanism: 유휴지에 대한 대안적인 접근'에서 유휴지 이용을 주로 투자자를 유치하는 방법으로 논의하며 유휴지 프로젝트에 대한 공통적인 문제를 제기한다.

일시적인 개입이 성공적으로 작동하여 소외된 사람들이 활용 권리를 가지도록 도시 쇠퇴 지역을 지역 자산으로 전환한 곳에서는, 토지 소유자나 정부 당국이 해당 부지에 대한 통제권을 다시 주장하려고 하는 어떠한 시도도 격렬한 저항에 직면할 것이다.… 부정적인 언론이나 그러한 사태들로 비롯되는 복잡한 법적 문제의 위험은 개발자가 애초에 일시적인 사용을 허가하지 못하게 할 수 있다.[14]

토지은행의 발전은 유휴지를 확인하고 관리하는 능력을 크게 향상시켰다. 토지 은행의 한계는 많은 사람이 유휴지의 임시 보유자일 뿐이라는 것이다. 플린트의 제네시 카운티 토지은행Genesee County Land Bank과 클리블랜드의 쿠야호가 토지은행Cuyahoga Land Bank은 주택을 재건축하여 판매하거나 철거하고 유휴지를 다른 사람에게 넘기기 위해 소규모 필지를 단기간 보유한다. 과세 표준을 늘리고 싶어하는 많은 도시에서 유휴지의 보존은 시장 수요가 있는 지역 개발로 인해 뒷전으로 밀려있다.

그러나 일부 기관은 유휴지의 잠재력에 점차 눈을 뜨고 있다. 공원 부서는 공원, 보호 구역 또는 기타 도시 내 녹지 공간과 연결되는 유휴지를 구입하여 토지 보유량을 늘릴 기회를 포착한다. 오하이오에서는 그러한 목적으로 주 정부기금Clean Ohio Fund이 제공된다. 하수도 당국은 빗물 관리에 대한 동의의결에 따라 녹색 그린 인프라의 효율성에 대한 증거가 증가하는 것을 관찰하고 있으며, 빗물을 관리하고 지하 파이프에 대한 접근법을 제공하기 위해 유휴지를 구매하고 있다.

도시 내 녹지 공간이 장기 도시계획에 나타나기 시작하면서 영구적인 보존을 위해 유휴지를 따로 마련하라는 제안이 등장하기 시작했다. 시카고의 도시 공간CitySpace 계획은 1인당 도시 내 녹지 공간(거주민 1,000명당 4.13에이커, 1998년 20개 시 중에서 18위)[15]에서 유사 규모의 도시 중 시카고의 순위를 높이기 위해 만들어진 첫 번째 계획 중 하나이다. 2012년 현재, 시티스페이스에 제시된 제안과 근거는 1,344에이커의 추가 녹지 보존을 촉발시켰다. 펜실베이니아 주 피츠버그의 25년 계획인 오픈스페이스PGHOpenSpacePGH

는 12개 부문의 오픈스페이스 요소를 제시한다. 이 계획은 도시 내 30,000개의 비어 있거나 계류 중이거나 미개발된 자산에 영향을 미치는 토지 이용 및 기반 시설 결정에 대한 지침을 자세히 설명하고 있다. 이 계획은 '가용 토지'를 필지와 주변 특성에 따라 16가지 유형의 재사용 가능성으로 분류한다. 또한 오픈스페이스PGH는 시장 수요가 높은 지역에서 발생하고 있는 적절한 녹지 공간의 부족을, 점차 증가하고 있는 위협으로 정의한다.[16]

보다 더 동쪽에 있는 도시의 예로는 발티모어의 그린 네트워크 계획(2018년 초안)이 있는데, 이 계획은 유휴지를 이용하여 레크리에이션 공간, 산책로, 도시 정원을 연결하는 시스템을 만들 것을 제안하고 있다.[17] 2018년에는 게리 시의 종합적인 도시계획도 발전하였다. 이는 유휴지를 빗물 관리 그린 인프라로 이용하여 강과 해변의 질적 개선을 제안한다.[18]

인프라가 낡은 도시의 빗물 관리

산업화 이후 도시의 인구 감소는 노후화된 인프라에도 문제를 야기했다. 도로, 시설, 하수도 시스템은 모두 납세자와 요금 납부자의 수입 감소와 맞물리고 때로는 경쟁한다. 파손된 파이프, 구식 기술, 기후변화로 인한 오염원이 수로로 배출되는 빈도를 줄이기 위해 하수도 개선이 필요하다. 하수도 시스템 개선에 드는 막대한 비용이 알려지면서 요금 납부자들을 위한 기반 시설 투자의 이점을 높이기 위해 빗물 관리 그린 인프라가 하수도 시스템 개선 제품군의 일부로 점차 더 많이 고려되고 있다.

불투수성 표면에서 흘러나오는 빗물은 많은 미국 지자체의 수질에 부정적 영향을 미치는 비점 오염의 주요 원인이다. 폐수 처리장 우회 및 합류식 하수도 월류수를 포함하여 도시 지역의 여타 수질 오염원과 결합하는 방식은 매년 8,500억 갤런 이상의 처리되지 않은 물을 오대호와 미국 북동부 지역의 수로로 전송한다. 이는 모든 도시 물 배출의 4%에 해당한다. 불투수성 표면에서 유출된 도시 빗물은 또 다른 10,000억 갤런, 즉 전체 도시 배수량의 45%를 차지한다(비교하자면, 처리된 폐수는 11,400억 갤런 또는 도시 배출량의 51%에 해당한다).[19]

합류식 하수 시스템[20]은 19세기 후반 고속 성장을 경험한 미국 860개 지방자치단체에 있는데,[21] 그 당시에는 이 시스템이 콜레라와 같은 전염병에 대항하는 중요한 기술이었다.[22]

그린 인프라를 개선하는 방식으로서 규제 조치

최근 몇 년 동안 규제 준수는 빗물 관리 그린 인프라에 대한 투자 증가의 계기가 되었다. 미국 환경보호국US Environmental Protection Agency(USEPA)은 1970년대 후반부터 수질을 개선하고 호수, 강, 하천으로 배출되는 오염 물질의 양을 줄이기 위해 도시 하수 시스템에 대해 시행 조치를 취해 왔으며, 이 시행 조치는 2000년대에 들어 급증하고 있다. 집행 조치는 시 하수관리국이 수질 오염을 완화하기 위한 장기 관리 계획을 만들도록 강제하는 동의의결 또는 기타 처벌 조치의 형태를 취할 수 있다. 2009년 이후 캐나다와 미국의 국제공동위원회International Joint Commission of Canada and the US는 몇가지 사안을 합의하고 녹색 지붕, 빗물 정원, 침투성 포장도로, 유휴지 개선 등 그린 인프라의 사용을 점차 장려하고 있다.[23]

오대호 유역은 미국-캐나다 오대호 수질 협정Areas of Concern by the US-Canada Great Lakes Water Quality Ageement에 의해 지역 수질에 부정적 영향을 미치는 문제 지역Areas of Concern으로 지정되었다. 1972년 미국 수질관리법에 의한 강제적 책임 부과로 인해 미국의 문제 지역 인근 도시와 미국의 다른 지역에서 빗물 관리 인프라를 재평가하고 수십억 달러에 달하는 업그레이드, 개조 및 새로운 시설을 시작하게 되었다. 몇몇 도시에서는 수처리 시설에서 부피를 관리할 수 있을 때까지 최대 흐름을 유지하도록 설계된, 200피트 이상의 깊이에서 기반암을 뚫는, 최대 직경 32피트 길이의 대규모 저장 터널 건설을 착수했다. 이 유형의 저장 터널은 클리블랜드, 디트로이트, 시카고, 포트웨인, 톨레도에 건설되었다.

이들 도시 중 다수는 그레이 인프라gray infrastructure 프로젝트의 수 또는 규모를 줄이기 위해 빗물 관리 그린 인프라 사용을 모색 중이다. 그린 인프라는 자연 시스템 또는 자연 과정을 모방한 엔지니어링 시스템을 사용하여 빗물을 관리하고 지역 물 침투를 촉진하며 식물과 토양을 사용하여 유속과 침식을 정화, 증발, 감소시킨다.[24] 이 책 전체에서 '그린 인프라'는 특정 생태 서비스를 수행하도록 설계된 녹지 공간(일반적으로 빗물 관리)을 설명하는 데 사용되며, '도시 내 녹지 공간'은 보다 일반적으로 다양한 서비스를 제공하는 공간을 의미한다. 그린 인프라가 빗물 유출을 효과적으로 관리하고, 다른 생태계에 혜택을 제공할 수 있다는 증거가 축적됨에 따라, 하수 및 빗물에 대한 장기 관리 계획에는 규정 준수에 필요한 시스템 업데이트의 일부로 그린 인프라가 점점 더 많이 포함되고 있다.

대규모 및 소규모 그린 인프라

빗물 관리 그린 인프라의 형식은 두 가지로 나눌 수 있다. 하나는 많은 필지에서 빗물을 수집하여 단일 빗물 관리 기능으로 전송해주는 대규모 프로젝트이고, 다른 하나는 유역이 더 높은 곳에 위치하여 빗물이 떨어지는 곳에 더 가깝게 빗물을 수집하는 소규모 분산 프로젝트이다. 대규모 빗물 프로젝트의 예로, 클리블랜드를 포함하는 오하이오 동북권 하수도 구역은 31에이커의 유휴지를 포함한 총 39에이커에 빗물 관리 그린 인프라를 건설하여 연간 최소 5억 갤런(매년 40억 갤런 목표) 합류식 하수도 월류수를 감당한다.[25] 이 접근 방식은 대기질 개선, 레크리에이션 공간 및 낙후 건물 제거와 같은 빗물 포집 이상의 이점을 제공함으로써 지역 사회 전반의 건강, 복지, 사회, 경제적 조건 개선을 목표로 수많은 유휴지를 통합해야 하는 대규모 프로젝트에 중점을 둔다.[26] 밀워키의 메노모니강Menomonee River 빗물 공원은 보행자 산책로와 해안 접근로를 대규모 유역에서 최대 100년 빈도의 강수량까지 감당하는 브라운필드brownfield 재개발 부지로 통합한다. 디트로이트에서는 빗물 관리를 위해 모든 유휴지 지역을 호수로 전환하자는

제안이 등장했다.[27]

대규모 설치와 달리, 분산형 빗물 관리 접근 방식은 가장 일반적인 유형의 도시 유휴지(작고 분산된 필지로 이전에 주거용 또는 상업용으로 이용되었던 부지)를 이용한다. 주거를 위한 소규모 필지를 구매하는 데는 많은 비용이 요구되지만, 많은 필지를 병합하고 수집하는 것은 어려울 수 있다. 분산 빗물 관리 접근 방식은 유출수가 발생하는 위치에 더 근접하여 관리하므로 하수 분리, 배출 또는 관련 비용이 많이 드는 인프라가 필요하지 않다.

분산형 그린 인프라의 장점은 수많은 소규모 프로젝트가 지역 사회 내에서 더 높은 수준의 참여를 제공하여 주민들과 더 많이 상호 작용할 수 있게 한다는 점이다. 인구 감소 또는 도시 확장으로 인해 유휴지가 많이 생긴 도시에 대한 연구에서, 빗물 관리에 맞춘 도시 녹화 프로젝트도 지역 사회를 강화할 수 있다는 것을 보여준다. 필라델피아에서는 유휴지의 쓰레기와 잔해물을 치우고 풀과 나무로 푸르게 만들고, 필라델피아 토지 관리Land Care 프로그램의 일환으로 유휴지 내 폭력 범죄를 감소시키고[28] 자산 가치를 증가시켰다.[29] 또 필라델피아의 빗물 관리 그린 인프라는 반경 0.5마일 이내 안전사고를 감소시켰다.[30] 볼티모어와 피츠버그에서는 나무 그늘이 많은 지역의 범죄율이 더 낮았다.[31]

유휴지 그린 인프라 구축의 과제

그린 인프라 네트워크의 수많은 이점에 대한 증거가 증가하고 있음에도 불구하고 여전히 많은 과제가 남아 있다. 대부분의 유휴지 재사용 프로젝트는 필지 수준에서 계획된 단일 프로젝트이다. 일반적으로 주민들의 민원이나 문제제기로 시작된다. 문제를 해결할 프로젝트에 대 한 제안이 작성된다. 자금이 확보되고 프로젝트가 진행된다. 빗물 관리의 경우에도 유역에서 필지의 위치, 토양 투과성, 경사 및 빗물 관리에 영향을 미치는 기타 물리적 속성이 나중 단계까지 고려되지 않은 채 시작되었다. 그린 인프라 프로젝트가 이러한 방식으로 계획되는 것이 드문 일은 아니다. 이러한 접근 방식의 위험은 빗물 관리 수준의 결과에 따라 실현 비용이 규모를 벗어날 수 있다는 것이다.

이러한 일반적인 운영 방식은 그린 빗물 프로젝트를 도시 인프라 수준까지 확장할 수 있는 능력을 방해한다. 여기서 비용 효율성 및 성능 지표가 투자 결정을 좌지우지한다. 프로젝트가 계획된 방식을 변경하는 데 장애가 되는 것은 필요한 데이터를 확보하기 어렵다는 것이다. 더구나 공간 분석 도구가 있는 경우에는 종종 하향식 의사 결정을 지원하지 않는다. 소유권, 토지 이용 내력, 물리적 속성에 대한 데이터 소스는 일반적으로 여러 개체에 분산되어 있다. 상세한 하수도 정보와 같은 일부 유형의 데이터는 민감한 것으로 간주되기 때문에 데이터 접근은 지방 정부 외부의 실무자들에게 특히 어려울 수 있다. 빗물 관리 그린 인프라를 확장하려면 의사 결정자가 사용 가능한 모든 부지에서 원하는 기능을 갖춘 특정 필지까지 작업할 수 있도록 지원하는 사회적·환경적 속성에 대한 자세한 정보가 필요하다.

도시 임업은 유용한 도구의 중요성을 엿볼 수 있는 사례이다. 일례로 도시 임업은 의사 결정자를 대상으로 하는 유·무료 툴 키트 보급과 적절한 소프트웨어와 가이드라인 책자를 활용하여 대규모 나무 그늘 만들기 목표를 달성한 바 있다. 이때 활용된 방식은 미국 전역의 수십 개 도시가 도시 나무 그늘의 가치를 이해하고 인간과 환경의 이익을 위해 성장할 계획을 세우는 데 도움이 되었다.[32] 도시 나무 그늘의 입증된 가치는 공중 보건 결과를 개선한다는 분명한 증거 덕분에 최근 나무 심기 및 유지 관리 비용이 도시 보건 예산의 일부가 되어야 한다는 권고를 이끌어냈다.[33] 이들 도구는 소유권 및 토지 이용 이력과 같은 유휴지에 특화된 필지 수준의 정보를 포함하지는 않지만, 도시 숲 그늘이 없는 곳에 대한 명확한 제안을 하고 있으며, 개별 나무의 배치를 통해 전달할 수 있는 사회적 영향을 보여준다.

토지 이용 결정에 있어 필요한 데이터에 접근하기 어렵다는 점은 유휴지 그린 인프라를 확장하는 데 어려움을 가중시킨다. 즉, 빗물 관리 및 유휴지 처분에 책임이 있는 주체가 별도의 기관에 분리되어 조정과 비용 분담이 어렵다. 유휴지의 빗물 관리 그린 인프라(및 기타 도시 녹화)에 대한 시스템 차원의 또 다른 당면 과제로는 빗물 관리 시스템과 같은 기술적 구성 요소뿐만 아니라 비전통적인 조경 관행에 대해 잘 알고 있는 인력 부족을 꼽을 수 있다. 게다가 재료에 대한 전문적인 지식도 요구된다. 예를 들어, 토착 식물은 유지 관리 비용이 적게 들고 서식지에 적응이 빠르고 토양 수분 변화에 잘 대처할 수 있기 때문에 빗물 관리에 주로 활용된다. 그러나 이러한 자생 식물은 전문적인 재배자로부터 얻어야 해서 수량과 계절 가용성이 제한되며 비싸고 찾기도 어렵다.

'공터에 활기를'은 도시 그린 인프라 확장에 대한 이러한 문제를 체계적으로 해결하기 위해 시작되었다. 하나의 프로젝트가 모든 도시의 모든 문제를 해결할 수는 없지만, 우리의 희망은 세 개 도시의 도시 녹화·유휴지 사용 프로젝트를 위한 병행 계획, 구현 및 유지 관리 프로세스를 통해 작업하는 실무자 팀의 연구 결과가 기존 장벽을 극복하고 가시적인 성과를 낼 수 있다는 것이었다. 도시 유휴지, 빗물 관리, 지역 사회 불안정화의 결합은 많은 탈산업 도시에서 흔히 볼 수 있는 일이지만, '공터에 활기를' 프로젝트의 교훈은 인구 통계, 경제, 기후 변화에 대한 대응으로 도시 내 녹지 공간을 성장시키고 있는 미국 전역의 도시에 적용할 수 있을 것이다. 우리의 교훈이 해법을 만들어내지 못하는 곳에서는, 현재의 장벽을 넘을 수 있는 대화를 발전시키고, 또 혁신적인 도시 녹화 실천의 실마리를 제공할 수 있기를 바란다.

---

1. Diana E. Bowler, Lisette Buyung-Ali, Teri M. Knight, and Andrew S. Pullin, "Urban Greening to Cool Towns and Cities: A Systematic Review of the Empirical Evidence," *Landscape and Urban Planning* 97, no.3 (2010): 147-155.

2. Andrew Chee Keng Lee, Hannah C. Jordan, and Jason Horsley, "Value of Urban Green Spaces in

Promoting Healthy Living and Wellbeing: Prospects for Planning," *Riskmanagement and Healthcare Policy* 8 (2015): 131.

3. Charles C. Branas, Eugenia South, Michelle C. Kondo, Bernadette C. Hohl, Philippe Bourgois, Douglas J. Wiebe, and John M. MacDonald, "Citywide Cluster Randomized Trial to Restore Blighted Vacant Land and Its Effects on Violence, Crime, and Fear," *Proceedings of the National Academy of Sciences* 115, no. 12 (2018): 2946-2951.

4. National Recreation and Park Association, *Creating Mini-Parks for Increased Physical Activity*, (Ashburn, VA: National Recreation and Park Association, n.d.).

5. Great Lakes Protection Fund, projects 949 and 949.01.

6. Ontario Ministry of Finance, *Ontario Population Projections Update, 2017-2041* (Oshawa, ON: Ontario Ministry of Finance, Spring 2018).

7. Luke J. Juday, *The Changing Shape of American Cities* (Charlottesville, VA: University of Virginia, February 2015).

8. Sylvie Fol and Emmanuèle C. Cunningham-Sabot, "Urban Decline and Shrinking Cities: A Critical Assessment of Approaches to Urban Shrinkage," *Annales de Géographie* 674 (2010): 359-383.

9. US Census Bureau, *Decennial Census of Population and Housing* (Suitland, MD: US Census Bureau, 1970 and 2010).

10. Ann O. Bowman and Michael A. Pagano, *Terra Incognita: Vacant Land and Urban Strategies* (Washington, DC: Georgetown University Press, 2004).

11. Fol and Cunningham-Sabot, "Urban Decline and Shrinking Cities"; Sigrun Kabisch, Annegret Haase, and Dagmar Haase, "Beyond Growth: Urban Development in Shrinking Cities as a Challenge for Modeling Approaches," *International Congress on Environmental Modelling and Software* 55 (July 2006), https://scholarsarchive.byu.edu/iemssconference/2006/all/55.

12. 이 책에 나오는 모든 지도는 ArcGIS 프로그램으로 제작되었다. ArcGIS와 ArcMap은 Esri의 지적 자산으로 정식 라이센스 하에 사용하였다. Esri.의 모든 저작권은 보호된다. http://www.esri.com.

13. Cleveland Neighborhood Progress, *Re-Imagining Cleveland: Vacant Land Re-Use Pattern Book* (Kent, OH: Cleveland Urban Design Collaborative, Kent State University, 2009).

14. US Department of Housing and Urban Development, "Temporary Urbanism: Alternative Approaches to Vacant Land," *Evidence Matters* (Winter 2014).

15. City of Chicago, *CitySpace: An Open Space Plan for Chicago* (Chicago, IL: City of Chicago, January 1998).

16. Pittsburgh City Planning, *OpenSpacePGH: Optimizing Pittsburgh's Open Space, Parks, and Recreation System* (Pittsburgh, PA: Pittsburgh City Planning, 2013).

17. Baltimore Department of Planning, *Baltimore Green Network Plan* (Baltimore, MD: Baltimore Department of Planning, 2018).

18. City of Gary Redevelopment Commission, *Request for Qualifications: 2018 Comprehensive Plan Update* (Gary, IN: City of Gary, 2017).

19. US Environmental Protection Agency (USEPA), *Report to Congress: Impacts and Control of CSOs and SSOs*, Report EPA 833-R-04-001 (Washington, DC: USEPA, 2004).

20. 합류식 하수 시스템(combined sewer systems)은 빗물과 하수를 같은 파이프로 모으기 때문에 우천시 물의 흐름이 수처리 시설의 용량을 초과하게 되면, 처리되지 않은 물이 합류식 하수도 월류수(combined sewer overflows)를 통해 수로로 배출되어 수질 오염을 일으킨다.

21. USEPA, "Combined Sewer Overflows (CSOs)," National Pollutant Discharge Elimination Systems (NPDES), accessed July 31, 2018, http://www.epa.gov/npdes/combined-sewer-overflows-csos.

22. Steven B. Johnson, *The Ghost Map: The Story of London's Most Terrifying Epidemic-and How It Changed Science, Cities, and the Modern World* (New York: Riverhead Books, 2006).

23. International Joint Commission, *14th Biennial Report on Great Lakes Water Quality* (Washington, DC: International Joint Commission Office, 2009).

24. "What Is Green Infrastructure?" Green Infrastructure, USEPA, accessed July 30, 2018, http://www.epa.gov/green-infrastructure/what-green-infrastructure.

25. USEPA and State of Ohio v. Northeast Ohio Regional Sewer District, case 1:10-cv-02895-DCN (6th Cir. 2011); NEORSD, Appendix 3 Green Infrastructure Anticipated Co-benefits Analysis (Cleveland, OH: NEORSD, March 26, 2015).

26. NEORSD, Green Infrastructure Plan (Cleveland, OH: NEORSD, April 23, 2012).

27. The Detroit Works Project Long Term Planning Steering Committee, *Detroit Future City: 2012 Detroit Strategic Framework Plan* (Detroit, MI: Detroit Future City, 2012).

28. Charles C. Branas, Rose A. Cheney, John M. MacDonald, Vicky W. Tam, Tara D. Jackson, and Thomas R. Ten Have, "A Difference-in-Differences Analysis of Health, Safety and Greening Vacant

Urban Space," *American Journal of Epidemiology* 174, no. 11 (2011): 1296-1306.

29. Susan Wachter, *The Determinants of Neighborhood Transformation in Philadelphia: Identifica-tion and Analysis: The New Kensington Pilot Study* (Philadelphia, PA: University of Pennsylvania, Wharton School, 2004).

30. Michelle C. Kondo, Sarah C. Low, Jason Henning, and Charles C. Branas, "The Impact of Green Stormwater Infrastructure Installation on Surrounding Health and Safety," *American Journal of Pub-lic Health* 105, no. 3 (2015): e114-e121.

31. Austin Troy, J. Morgan Grove, and Jarlath O'Neil-Dunne, "The Relationship between Tree Canopy and Crime Rates across an Urban-Rural Gradient in the Greater Baltimore Region," *Landscape and Urban Planning* 106, no. 3 (2012): 262-270.

32. "About Us," i-Tree, US Department of Agriculture Forest Service, accessed October 30, 2018, http://www.itreetools.org/about.php.

33. Nature Conservancy, *Funding Trees for Health: An Analysis of Finance and Policy Actions to Enable Tree Planting for Public Health* (Arlington, VA: The Nature Conservancy, 2017).

2장
유휴지 활용을 결정하는 도시 역학

한 동네를 만든 역사와 지금의 형태를 만든 일련의 사건들을 배우는 것은 주민이 무엇을 원하고, 필요로 하고, 두려워하고, 소망하고, 그들이 아직 이해하지 못한 것을 파악하는 데 도움이 된다. 또한, 도시가 발전한 방식과 그 일부가 철거된 방식은 유휴지의 입지와 형태를 이루어왔다. 역사적 맥락은 도시 녹화 프로젝트의 성공에 영향을 미칠 유휴지의 물리적·사회적 속성을 보여준다. 도시 녹화 프로젝트는 지역 사회에서 상당히 개별적인 특성을 보이는 데 이는 많은 주민들이 원하는 방식으로 사람들을 모이게 하고, 건강과 복지를 증진시키기 때문이다. 이런 이유에서 한 장소의 역사를 이해하는 것은 지역사회의 참여를 독려하고, 프로젝트 부지를 선정하고 설계 방식을 결정하는 등 유휴지 재사용 전략을 개발하는 데 중요한 첫 단계이다.

이 장에서 도시 녹화 프로젝트를 위해 설명하는 모든 역사 연구 방법이 전부 수행될 필요는 없지만, 역사적 맥락을 이해하는 주민과 커뮤니티 담당자들을 포함시키는 것은 전체 역사를 이해하는 데 도움이 된다. 맥락을 이해하는 것은 프로젝트 팀이 상당히 신경써야 하는 조사의 일부이다.

이 장에서는 '공터에 활기를' 프로젝트의 계획과 구현, 유지 관리에 도움이 된 개별 지역 및 도시 연구 사례를 통해 탈산업 도시의 쇠퇴에 관한 이야기를 이어갈 것이다. 이러한 역사는 도시 정책이 도시 전체 의사 결정을 어떻게 초기부터 형성했는지 보여주는데, 오늘날은 도시 전체의 의사 결정에 큰 영향을 미치고 있다. 또한 그 역사는 투자 회수, 폐기, 유휴지 발생의 원인과 결과가 어떻게 가난한 주민과 유색 인종 주민에게 불평등한 영향을 미쳤는지 보여준다. 지역의 쇠퇴와 공약 폐기에 관한 오랜 역사는 주민들과의 신뢰 구축이 어려울 수 있음을 의미하며, 새로운 투자에 대한 주민들의 가장 큰 관심사는 투자가 지역의 안전과 안정에 어떤 영향을 미칠지에 대한 우려이다. 인구통계학적 속성은 지역 사회의 참여에 대한 효과적인 접근 방식에 대한 몇 가지 단서를 제공한다. 예를 들어, 제조업 일자리가 호황일 때부터 그 지역에 살았던 노년층이자 주택을 소유한 자들은 물론이고 그 집을 임대해서 생활하는 젊은 저소득층 거주자도 주민과 대화를 위해 인터넷에 접속하지 않는다. 즉, 이들에겐 직접 대화를 나누는 것이 중요한 의사소통 수단인 것이다. 장소와 사람에 대한 끈끈한 연결은 실무자들이 지역 사회를 반영하고 젠트리피케이션으로 인한 새로운 위험에 기여하지 않는 도시 녹화 프로젝트를 만드는 데 도움이 될 수 있다. 낯선 동네에서 일하는 도시 녹화 및 그린 인프라 실무자에게는 지역의 역사를 이해하고 있고 주민과 프로젝트 팀 간의 격차를 해소하는 데 도움을 줄 수 있는 지역 담당자community liaison를 찾는 것이 필수적이다.

빗물 관리 프로젝트의 경우, 지역 맥락을 통해 위험을 완화하고, 프로젝트가 성공할 수 있는 위치를 명확히 파악하고, 빗물 관리의 모범 관리 사례 수행에 영향을 미치는 기타 사회 및 환경 문제를 파악할 수 있다. 과거의 토지를 철거하는 관행은 토양 잔해, 오염을 만든다. 그 영향으로 프로젝트 예산이 증가되거나 프로젝트 자체가 완전히 배제될 수 있다.

대상 도시: 클리블랜드, 게리 시, 버팔로

'공터에 활기를' 프로젝트 팀은 프로젝트의 계획 단계에서 일련의 지역에 관한 논의를 통해 유휴지가 많은 오대호 도시를 짧게 목록화했다. 우리는 그린 인프라나 도시 녹화 시범 프로젝트와 같은 시범적인 그린 인프라 프로젝트가 가능하고 이러한 도시에서 환영받을 수 있다는 지표를 문서화했다. 끝으로 우리는 공통된 접근을 가능하게 하는 유사점을 공유하는 도시를 유형화하는 데 관심이 있었지만, 거기에는 규모, 지역, 잠재적 협력체 등의 차이가 있었다. 이는 전국의 도시와 마을에서 유사한 프로젝트를 시도하려는 사람들에게 유용한 교훈을 줄 것이다.

인디애나 주 게리 시Gary, Indiana, 오하이오 주 클리블랜드 시Cleveland, Ohio, 그리고 뉴욕 주 버팔로 시Buffalo, New York는 60년 동안 인구가 거의 50%나 감소했다. 최근 몇 년 동안 그들은 다양한 그린 빗물 관리 계획을 수행해 왔다. 게리 시와 버팔로는 새로운 체계적 접근법을 구현하는 데 필요한 민첩성을 갖추었다는 점에서 소규모 시 정부가 지닌 이점을 누리고 있다. 또한 게리 시와 버팔로의 강력한 프로젝트 협력체는 유휴지를 소유함으로써 토지의 사용 권한에 대한 접근을 간소화하고 장기적인 유지 관리 책임 문제도 해결해 주었다. 클리블랜드는 유휴지 관리에 대한 기존 움직임이 있어 기대할 만했으며, 이는 토지 은행 제도의 조기 채택과 그린 인프라의 허가에 있어 기발한 빗물 관리 프로그램 덕분이었다. 다른 고려 대상 도시로는 밀워키Milwaukee가 있었다. 밀워키에는 이미 빗물 관리 그린 인프라에서 리더십을 보여준 혁신적 하수관리국이 있었다. 미시간 주 그랜드래피즈 시Grand Rapids, Michigan와 같이 그린 인프라 프로젝트의 실적이 있는 일부 도시는 최근 도시 성장(인구 감소와 반대)의 역사로 인해 유휴지가 적어서 제외되었다.

게리 시의 그린어바니즘Green Urbanism 사무국은 환경 관리를 통해 도시 활성화 사례를 구축해 왔다. 게리 시는 황폐한 것으로 유명하지만, 이 도시는 미시간 호수와 시카고와의 근접성뿐 아니라 사구, 해변, 습지대 등 자연의 아름다움을 감안할 때 재개발 가능성이 높다.

버팔로의 지속가능한 주거를 위한 시민 연대People United for Sustainable Housing (PUSH)에서는 에너지 효율 주택, 경제 개발 및 장소 조정 계획에 대한 기타 투자를 활용하기 위해 유휴지를 지역 사회 자산으로 전환하는 데 필요한 전문 지식을 갖춘 인력을 구축하고 있다.

'공터에 활기를' 팀의 리더십이 기반을 둔 클리블랜드에서 우리는 지역 사회 개발 기업 및 기타 조직과 이웃 관계를 맺고 클리블랜드 식물원의 도시농업 프로그램인 녹색단^{Green Corps}을 통해 도시 녹화 실적을 기록했다.

'공터에 활기를'에서는 시 정부, 비영리 단체, 학술 기관, 지역 개발 기업의 전문가로 구성된 프로젝트 팀이 빈 거주지 또는 기타 작은 필지가 있는 도시 지역에서 실현 가능한 계획을 만들기 시작했다. 프로젝트 팀은 지역과 도시 전체에서 작업하면서 지역 사회의 역학에 대한 넓고 깊은 시각으로부터 도움을 얻었다. 모든 장소가 특별했지만, 우리는 지역 사회에서 얻는 교훈이 많다는 것에 놀랐다.

반복되는 패턴

'공터에 활기를' 시행 지역의 역사적 맥락은 각 도시의 요구 조건에 적합한 지역 사회의 참여, 대상지 선택, 프로젝트 설계 방식을 정하는 데 바탕이 되었다. 클리블랜드에서는 철거 이력에 관한 자료 덕분에 오염이나 땅속에 묻힌 잔해물 처리에 많은 비용이 소요되는 부지를 대상지에서 제외할 수 있었다. 세 도시 모두에서, 주민들은 과거의 좋지 못했던 경험을 바탕으로 도시 내 녹지 공간에 대한 우려를 표명했다. 또한 우리 프로젝트 팀은 역사적 맥락을 통해 도시 녹화 프로젝트에 영향을 준 여러 정치적 과정이 해당 지역의 정치 역학과 밀접하게 연관되어 있음을 알 수 있었다. 이는 뿌리 깊은 인종적·민족적 차별의 또 다른 산물에 의해 정치적 과정이 형성되었음을 상기시켰다.

클리블랜드, 게리 시, 버팔로의 도시 개발은 많은 산업 도시에 공통적인 몇 가지 주제를 보여주는데, 그 흔적은 오늘날 지역 인구통계, 토지 공백 패턴, 의사 결정 과정에 남아 있다. 각 도시는 19세기 후반과 20세기 초에 철강 및 제조 산업을 중심으로 발전했다. 이러한 산업은 노동자의 꾸준한 이동을 가능하게 했고 공장과 지역 사회 내 사회적 계층 위계를 강화했다. 초기 공장의 성장은 특히 동유럽 출신 이민자들에 의해 가능한 일이었다. 유럽 이민이 최고조였던 1907년에는 120만 명의 사람들이 미국으로 유입되었으며, 많은 사람들이 제조업에서 일하거나 그들을 지원하기 위해 동부 해안 도시에 정착했다.[1] 이탈리아, 슬로바키아, 헝가리, 폴란드, 체코슬로바키아 및 기타 국가의 가족, 공동체 및 마을이 급속히 확장되는 공업 도시에 이식되면서 지역 사회가 건설되었다. 이민자의 민족 정체성은 지역 문화와 상업을 형성했다.

공장은 도시 사회 계층의 축소판이었는데, 대체로 가톨릭 국가인 남부와 동유럽 국가에서 온 이민자들은 대부분 생산직으로 일자리가 제한되었다. 백인, 서유럽 및 개신교 (때로는 유대인) 주민들은 은행 및 금융 분야뿐만 아니라 관리직에 많이 종사했다. 이민자들은 지역 정치인을 선출함으로써 정치 무대에서 경영진과 은행가의 힘을 상쇄하고자 했다. 그들은 시 정부에 참여하기 위해 노력했다. 이러한 사회적 역학의 잔재는 오늘날에도 많은 산업 도시들이 도시 정책의 개발 및 시행에 있어 지역 사회의 지도자들이 강력한 영향력을 행사하는 지역에서부터 지속적으로 의사 결정 과정을 내리는 방식으로 남아 있다(반대로, 강력한 리더나 개발 조직이 부족한 지역은 종종 불평등으로 고통받고 있다).

1920년대에 사람들이 유럽의 전후 경제 침체로부터 피신하고 미국은 전후 불황에 대처하고 있었을 때, 연방 정부는 한때는 산업화에 도움이 되었던 많은 국가로부터의 이민을 억제하는 법을 제정했다. 1921년 미국의 긴급할당법Emergency Quota Act에 이어 1924년 이민법Immigration Act에 의해, 동유럽 및 남유럽 국가로부터의 이민이 극적으로 감소했다. 미국의 경제 침체는 미국이 대공황에서 벗어나 제2차 세계대전 중에, 그리고 그 이후 제조 수요가 증가할 때까지 이어졌다. 유럽으로부터의 저렴한 이민자 노동력이 없는 상황에서 산업계는 미국 남부에서 많은 인력을 채용하기 시작했다. 흑인 미국인, 푸에르토리코인, 카리브해인이 북쪽으로 흘러들어 와 힘들지만 구할 수 있는 일자리를 채웠다.

첫 번째 유럽 이민자들이 철강 생산 및 제조 분야에서 일자리를 얻기 위해 산업 도시로 이주했을 때, 그들은 자신들의 문화를 반영하는 지역 사회를 건설할 기회를 얻었다. 유색 인종 근로자들은 같은 일을 할 기회가 적었다. 1930년대와 1940년대에 북쪽으로 이동하기 시작한 흑인 철강 노동자들은 북부 주에서 만연한 분리 관행으로 인해 살 수 있는 곳이 크게 제한되었다. 흑인 산업 노동자, 그들의 가족, 그리고 경제적 기회를 위해 북쪽으로 이주한 사람들은 부유한 백인 거주자들에게는 가장 바람직하지 않다고 여겨지는 지역에 모여 살았다.

1950년대와 1960년대에 차별 정책 폐지가 기술적으로 흑인 가족이 살 수 있는 지역에 대한 제한을 철폐했지만, 부동산 중개인은 백인 거주자의 인종 차별적 두려움으로부터 이익을 취하고자 이를 활용했다. 블록버스팅 blockbusting이라고 불리는 이 과정은 다음과 같이 전개되었다. 부동산 중개인이 한 집을 흑인 가족에게 판 후, 그 이웃집들에게는 이 지역이 낙후될 위기에 처해 있다는 두려움을 불러일으켰다. 이를 통해 부동산 회사는 재빨리 할인된 가격에 주택을 구입한 다음, 더 넓은 지역 선택을 갈망하는 흑인 가족에게 더 높은 가격에 판매했다.

하지만 그러한 노골적인 이익이 없는 상황에서도 백인 이탈이 급격히 일어났다. 백인 주민이 부동산 회사나 기타 법적인 차별 관행에 의해 자산을 확고히 보호했던 지역을 제외하고, 많은 산업 도시의 도심 지역이 불과 20년 만에 전체 백인에서 대다수 흑인으로 바뀌었다. 이러한 인구통계학적 변화는 주택 자산의 감소뿐만 아니라 지역 투자 및 도시 서비스 중단으로 나타났다.

이 같은 인구통계학적 변화와 탈투자의 패턴은 흑인민권운동시대civil rights era를 통해 계속되었다. 교외 지역으로의 인구 이동으로 인해 도심 인구가 감소했다. 중서부 및 북동부 지역에서는 1969년과 1996년 사이에 제조업 고용만 32.9% 감소했다.[2] 산업과 인구가 동시에 축소됨에 따라 과세 기반이 감소하고 높은 수준의 빈곤과 실업률이 발생하며 많은 도심에 수천 에이커의 비어 있거나 버려진 도시 부지가 남게 되었다. 이로 인해 자산 가치가 줄어들고, 지역은 시각적으로 황폐해지고, 범죄와 보건 측면에서도 부정적인 영향이 초래되었다.[3]

비록 이민자의 후손들은 흩어졌지만, 초기에 만연했던 소수자 및 인종차별의 영향은 오늘날에도 도시에 영향을 주고 있으며, 아직 남아 있는 커뮤니티 센터와 종교시설에도 반영되었다. 지역에서 선출된 시의원은 시 법률의 형성 및 제정에 계속해서 큰 영향을 미친다.[4] 지역 사회는 계속해서 인종적으로 크게 분리되어 있으며, 유색 인종 지역 재투자, 유휴지 발생, 환경 파괴라는 최악의 영향을 계속 견뎌내고 있다.

인구 감소는 클리블랜드, 게리 시, 버팔로 및 유사 도시에서 둔화되고 있다.[5] 향후 10년간 이들 도시 중에서 적어도 하나는 20세기 중반 이후 처음으로 순이익을 낼 수도 있다. 서부 주에서의 물 부족 현상은 풍부하고 값싼 담수의 가치를 새롭게 조명해주고 있다. 클리블랜드, 게리 시, 버팔로는 산업을 다각화하고, 기업과 주민들을 위한 인센티브를 구축하며, 담수 자원을 중심으로 도시 생활을 재정비하기 위한 노력을 기울이고 있다. 동시에, 이 도시들은 제조업 역사와 오대호에서의 위치로 인해 미국 환경보호국의 수질관리법 위반에 관한 동의의결의 첫 번째 대상이기도 하다. 이 독특한 압력으로 인해 세 도시는 빗물 관리 그린 인프라를 도시의 노동자 계층의 정체성에 통합시켰다.

이 장의 나머지 부분에서는 이러한 패턴이 클리블랜드, 게리 시, 버팔로에서 어떻게 병렬적으로 발생했는지 자세히 알아볼 것이다. 문화사적·지리적 속성에 있어서 이러한 도시들 사이의 유사성은, 유휴지에 대한 도시 녹화 프로젝트의 계획 및 구현에 관한 공통적인 요구를 보여준다. 반면, 차이점은 '공터에 활기를'이 개별 장소의 특정 요구에 맞게 조정되어야 하는 방식을 강조한다(〈표 2-1〉 참조).

'공터에 활기를'이 형태를 갖추기 시작하면서 우리는 각 지역의 문화사, 물리적 형태, 진행 중인 계획에 익숙해졌다. 책과 문자로 기록된 역사가 우리의 이해를 보완하는 데 도움을 주었지만, 많은 경우 이 역사는 다양한

표 2-1. 3개의 '공터에 활기를' 프로젝트 지역의 특징

지역 사회 특성	뉴욕 주 버팔로 웨스트사이드	오하이오 주 클리블랜드 우드랜드힐스	인디애나 주 게리 시 애트나
인구	5,395	21,059	4,671
18세 미만 인구 (<18) %	30	24	28
18세~65세 인구 (18<65) %	64	63	61
65세 이상 인구 (>65) %	6	13	11
인종 비율 (흑인) %	22	89	82
인종 비율 (백인) %	44	7	11
인종 비율 (흑인 및 백인 외) %	34	4	7
히스패닉 (모든 인종) %	31	1	9
주택 담보 또는 대출 여부 %	15	24	38
온전히 개인 소유 중인 주택 %	11	10	21
임대 %	74	66	41
주민 중 고등학교 졸업자 %	74	76	85
중간 소득 ($)	23,003	24,151	23,519
빈곤층 이하 주민 %	40	35	37
거주 중 주택 %	83	74	66
빈집 %	17	26	34
주택 가치 중간값 ($)	78,433	89,238	57,900
월 임대료 중간값 ($)	648	630	739
나무 그늘 비율 (%)[a,b,c]	12	24	10-20
보행친화성 점수 (도시 평균)[d]	89 (68)	62 (60)	10 (34)

a. American Forests, *Urban Ecosystem Analysis Buffalo-Lackawanna Area Erie County*, New York (Washington, DC: American Forests, 2003).

b. Davey Resource Group, *The Cleveland Tree Plan* (Kent, OH: Davey Resource Group, 2015).

c. US Forest Service, *Indiana's Forests*, Resource Bulletin NRS-45 (Washington DC: US Forest Service, 2008).

d. Walk Score, Redfin, http://www.walkscore.com

커뮤니티 구성원과의 많은 대화를 통해 구두로, 또 파편적으로 공유되었다. 이 정보는 프로젝트 대상지 선택의 길잡이가 되었고, 또 주민 피드백에 대한 맥락을 제공해 주었다. 이 도시들은 여러 면에서 독특하지만, 많은 미국 도시에 공통되는 주제가 등장하여 다른 지역 사회의 그린 인프라 및 유휴지 이용 프로젝트에 많은 정보를 제공할 수 있다.

클리블랜드: 버크아이-우드랜드힐스

빙하로 조각한 그릇에 자리잡은 듯한 클리블랜드의 도시 형태는, 대부분 평평한 자연 지형을 가지고 있다. 도심에서 약 4마일 떨어진 클리블랜드 동쪽 언덕은 시내의 몇 안 되는 자연 경관 중 하나이다. 이 지역이 유럽 정착민에 의해 개발되기 전, 이 언덕은 버터넛 능선Butternut Ridge으로 알려져 있었다. 이후 이 언덕은 뉴버그Newburgh 타운의 일부가 되었는데, 뉴버그 타운은 로어버크아이Lower Buckeye 지역에서 독일과 아일랜드 이민자를 대체한 헝가리인과 슬로바키아인에 의한 동쪽 지역 확장을 수용하기 위해 1912년 클리블랜드에 합병되었다. 동쪽으로 뻗은 철도 근처에 지어진 소규모 공장, 상점, 도로는 어퍼버크아이Upper Buckeye의 첫 번째 대로를 만들기 위해 철거되었다. 오늘날 전체 지역은 버크아이Buckeye라고 불린다. 그 안에는 북쪽의 작은 주거 지역인 우드힐Woodhill이라고도 불리는 우드랜드힐스Woodland Hills가 있다.

문화사

오늘날 남아 있는 주요 도로와 대규모 식민지 주택은 1800년대 후반부터 지어졌다. 주요 거리들은 1920년대까지 조성되었으며, 다음 10년 동안에는 기존 도심의 남는 공간을 활용하는 주택이 건설되었다. 토지는 약 40×100피트의 깔끔한 필지로 나뉘었다. 대부분의 필지에는 2층 또는 3층에 한두 가구가 같이 생활했으며, 각 층에는 큰 현관이 있고, 1층에는 외장재가 목재 판재로 되어 있으며, 위층에는 아스팔트 또는 삼나무 널이 있었다.[6] 임대 주택에 대한 수요를 해결하기 위해 도시 전역에 작은 아파트 단지가 건설되는 시기에 2가구 2주택은 집주인이 되어 추가 가계 소득을 올릴 수 있는 인기 있는 방법이었다.

중앙 유럽 이민자들이 1880년대에 이 지역에 정착하기 시작했다. 처음에는 대부분 슬로바키아인과 헝가리인이었다. 두 그룹은 문화적으로 구별되고 또 서로에게 다소 적대적이었다. 그러나 그들은 버크아이에서 나란히 살고 같이 일하고 신앙 생활을 했다. 1956년 헝가리 혁명 기간에 헝가리 이민자들이 추가로 도착했다. 흑인들은 1960년대와 1970년대에 많이 정착하기 시작했다. 유럽 후손들이 새로운 교외 개발을 위해 떠나면서 도시 이탈urban flight이 시작되었다.

버크아이-우드랜드힐스는 주물 공장, 제철소, 제조 시설은 물론 교회, 학교, 사회 서비스를 포함하는 기업의 본거지였다. 오늘날 우드랜드힐스는 대규모 주거지이다. 버크아이로드Buckeye Road를 따라 상업이 발달한 것을 볼 수 있다. 고속 운송은 쉐이커 대로Shaker Boulevard를 따라 달리며 서쪽으로 시내를 연결하고, 동쪽으로는 쉐이커스퀘어Shaker Square와 교외를 연결한다. 루크이스터파크Luke Easter Park는 지역 남쪽 끝에 있는 대규모 도시 소유 공원이다. 루나파크Luna Park는 대규모 공공 주택 시설로 개발된 1940년까지는 클리블랜드의 주요 휴양지였다.

물리적 형태

이 지역의 자연 토양은 빙하의 산물인 찰흙 모래이다. 다량의 점토는 일반적으로 심층 토양 지평선에서 발견되며, 물과 나무뿌리가 덜 침투하도록 하는 장벽을 형성한다. 이 지역 고유의 혼합 활엽수림은 이 점토 덕분에 토양 표면의 적절한 배수가 가능하고, 점토 장벽 위는 얕은 수위를 유지한다. 미개발 지역에서는 봄에 눈이 녹은 후, 뜨거운 여름이 오기 전, 이 토양이 봄철 웅덩이를 형성해주어 두꺼비, 개구리, 도롱뇽, 미세 동물, 나무 등의 생애 주기 단계에 필수적인 서식지를 제공하는 일시적인 생태계를 만든다. 빗물 관리 관점에서는 폭우나 눈이 녹는 시기에는 물이 빠르게 흘러가 하수 시스템을 압도하게 된다.

보다 최근에 일어난 토양 현상은 개발 및 철거를 위한 깨끗한 채우기로 서의 점토 유입이다. 이는 시간이 지남에 따라 자연 토양을 크게 변화시킨다. 클리블랜드에서 지역 토양 상태에 관한 중요한 지표는 철거 날짜이다. 대규모 철거를 했던 초반 수십 년 동안에는 당시 계약한 업자가 지하실에 남겨진 구멍에 건물 잔해를 그냥 파묻어버리는 것이 드문 일이 아니었다. 오늘날 그러한 방식의 철거들을 보여주는 특징은 건물 모양의 1~3피트 깊 이로 움푹 패인 곳으로, 시간이 지남에 따라 철거 잔해물이 가라앉고 압 축된 곳이다. 콘크리트 블록, 벽돌, 아스팔트 잔해가 잔디 사이로 보인다. 1996년부터 조례에 따라 계약 업체는 철거된 잔해를 제거해야 했는데, 잔 해물은 이후 매립되거나, 덜 일반적이기는 하지만 분리되어 다른 제품에 사용되었다. 이는 풍부하고 저렴하며 깨끗하고 무거운 점토로 지하 구멍 을 채우는 새로운 방식을 도입하게 했다. 점토는 이후 고도로 압축되어 지 역 규제 기관과 주민들이 만족할 수 있는 평평한 지반을 만드는데, 이러한 미적 선호는 부분적으로는 과거 철거로 침몰한 지반 때문이다. 이로 인해 철거의 표시는 지하 공간에 잡초 함량이 높고 빗물 침투가 빈약하여 풀이 무성하지 않다는 특징을 보이게 된다.

철거율이 규제 속도를 앞지른 클리블랜드와 같은 도시에서는 유휴지의 토양 표면 아래 무엇이 있는지 알 수가 없다. 최악의 경우, 빗물 관리를 위 해 토양을 삽으로 파내다가 무거운 점토 블록을 찾게 될 수도 있다. 실제 별도 프로젝트의 일환으로 빗물 관리에 투입된 한 유휴지에서 우리는 필 지의 1/3을 덮고 있는 지표면 8인치 아래에 있는 100년 된 벽돌 파티오를 발견했다.

잔해가 물이 침투하는 모공 공간을 만들 수는 있지만, 토양 준비를 복잡 하게 하고 굴착 및 처리 비용을 크게 증가시킬 수 있다. 기록되지 않은 지 하 가스 또는 석유 저장 탱크도 매우 흔하며, 불행히도 역사상 복합 용도

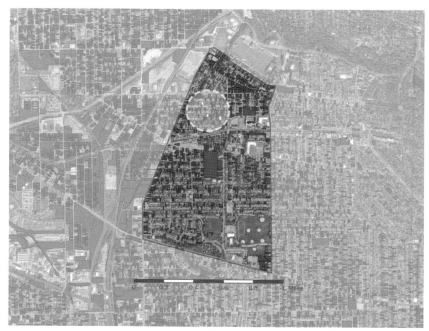

그림 2-1. 클리블랜드의 우드랜드힐스 인근에 있는 '공터에 활기를' 프로젝트 부지(검정색)와 비교군으로서 미처리 부지(흰색)를 나타낸 도면. 기타 유휴지는 회색 음영으로 표시
자료 출처 : NEOCANDO 및 클리블랜드 시, Esri

구역으로 지정된 동네의 거의 모든 모퉁이 부지에서 발견될 가능성이 높다.

지역적 맥락

북서쪽을 묘사하는 지역을 나타내는 지도를 보면, 5개의 조용한 주거지 거리가 시내로 이어지는 두 주요 도로 사이의 광장 안에서 평행을 이룬다〈그림 2-1〉 참조). 총 길이가 거의 0.5마일에 달하는 곳임에도 교차로가 없어서, 무성하고 관리가 되지 않은 보행로가 주민 일부가 사용하는 블록 간 유일한 연결로이다.

우드랜드힐스는 이 지역에서 경제 개발 및 장소 만들기에 참여하는 여러 강력한 커뮤니티 비영리 단체 및 자선 단체로부터 혜택을 받는다. 프로젝트 부지의 바로 북쪽에는 홀던 숲과 정원Holden Forests & Gardens7에서 가장 큰 녹색단 도시 농장이 있다. 이 농장은 원래 '공터에 활기를' 프로젝트를 위한 부지의 유지 관리를 담당하기로 된 커뮤니티 협력체였다(이 계획은 나중에 5장에서 설명할 내용과 같이 변경된다).

'공터에 활기를'은 클리블랜드 내에서 커뮤니티에 혜택을 제공하기 위해 유휴지를 용도 변경하는 방법에 대한 대규모 대화로부터 영감을 얻었다. 시의 유휴지 20,000개로 인해, 2008년 시 정부와 지역 비영리 기관은 도시 전역에 흩어져 있는 풀뿌리 유휴지 재사용 프로젝트를 시범적으로 수행하기 위한 클리블랜드 재구상Re-Imagining Cleveland 계획을 시작했다. 여러 해에 걸쳐 이 계획은 커뮤니티, 포켓 공원, 포도 농장, 빗물 관리 시설, 틈새 정원을 포함한 총 156개의 프로젝트를 만들었다.8 클리블랜드 도시계획위원회는 클리블랜드 재구상 프로젝트를 구축하면서 지속 가능한 유휴지 이용을 위해 프로젝트 관련 권장 사항들을 만들 목적으로 다양한 전문성을 가진 8개의 그룹을 소집하였는데, 그중 한 작업 그룹은 빗물 관리에 전념하기도 했다.9

'공터에 활기를' 프로젝트 부지는 인근 부지의 하수 분리에서 연간 1,700만 갤런의 빗물을 집수하도록 설계된 대규모 그린 인프라 부지에서 남쪽으로 약 1마일 거리에 있다(〈상자 2-1〉 참조). 이 프로젝트는 오하이오 동북권 하수도 구역에 속하며 더 큰 클리블랜드 지역에 서비스를 제공한다. 2011년, 오하이오 동북권 하수도 구역은 미국 환경보호국 및 오하이오 주 환경보호국과 동의의결을 체결했는데,10 합류식 하수 시스템에서 처리되지 않은 하수를 배출하여 수

상자 2-1. 클리블랜드의 역사적 맥락

클리블랜드에서 프로젝트 팀은 철거에 대한 상세한 정보를 확보할 수 있었다. 이 자료를 바탕으로 제거에 비용이 많이 드는 오염물이나 잔해물이 있는 지역을 프로젝트 대상지 선정 과정에서 제외할 수 있었다. 또한 기존 그린 인프라와 도시 녹화 계획을 고려하여 프로젝트 계획을 수립했다.

질관리법[11]을 위반했기 때문이다. 동의의결 당시 오하이오 동북권 하수도 구역은 허용량을 위반하며 허용된 배수구 126개를 통해 매년 미처리 하수 45억 갤런을 배출하고 있었다. 배출량을 연간 약 5억 갤런(98% 집수로 전환)으로 줄여 시스템을 다시 규정 준수 상태로 되돌리는 '청정 호수 프로젝트'에는 펌프장과 수처리 시설 개선뿐만 아니라 깊은 저장 터널과 기타 대형 저장 장치의 혼합도 포함이 된다. 특히 장기 관리 계획에는 그린 인프라를 통해 최소 4,400만 갤런의 합류식 하수도 월류수를 완화하기 위한 첫 번째 동의의결로서 그린 인프라에 대한 수당도 포함되어 있다. 오하이오 동북권 하수도 구역은 2018년에 여러 비용 절감 조치로 요금 납부자가 부담할 실제 비용이 원래 예상치보다 훨씬 적을 것으로 예측한다고 보고했으나, 문제 해결에 소요되는 예상 비용은 25년간 30억 달러가 될 것이다.

게리: 애트나

인디애나 주 동부 게리 시에 위치한 애트나Aetna 지역은 서쪽 도시의 공업 회랑과 동쪽 밀러 해변가 지역 사이에 위치해 있다. 애트나는 게리 시보다 먼저 형성되었는데, 1881년에 군수품 제조업체인 애트나 파우더 회사 Aetna Powder Company를 위해 주로 남성 주민이 많이 거주하는 기업 소도시로 조성되었다. 애트나는 인디애나 북서부에서 동떨어진 지역의 모래 언덕과 습지 사이에 있어 농사를 위해 나무 그루터기와 바위를 제거할 때 사용되는 제품의 폭발적인 특성에 매우 적합했다(몇 번의 폭파와 폭발로, 인근 마을 주민들은 공장을 상당히 신경 쓰이는 대상으로 생각했다). 처음부터 애트나와 게리 시는 기업 소도시의 속성인 호황, 북적거림, 환경 영향, 인종 갈등 등에 의해 형성되었을 것이다.

문화사

게리 시 일대는 1906년 미국제철US Steel이 시카고와 오대호 근처에 북미에서 가장 큰 규모의 제철소인 게리웍스Gary Works 공장을 건설했을 때 설립되었다. 주민의 구성이 다양했는데, 1920년 게리 시 거주자의 60%는 동유럽 출신 외국인 또는 1세대 미국인이었다. 18%는 흑인이었다. 철강 공장과 도시의 사회적 위계는 계층과 인종에 기반했는데, 사람들이 어디서 일하고 살고 노는지에 대한 것뿐만 아니라 물과 공기 오염에 대한 노출 수준도 그러한 점을 보여준다. 1920년대 중반 연방 정책이 동유럽 국가로부터의 이민을 제한했을 때, 게리웍스의 일자리를 채우기 위해 흑인과 멕시코 노동자가 미국 남부에서 채용되었다. 이 남부 신규 이민자들이 취업할 수 있는 일자리 대부분은 저임금과 낮은 지위, 공장 내 작업을 통틀어 위험과 오염에 가장 많이 노출되는 곳들이었다.

게리 시는 1928년 애트나와 인근 지역 밀러Miller를 공식적으로 합병하여 주택 부족 문제를 완화하고자 하였다. 흑인 철강 노동자들은 밀집된 미드타운 지역의 주택으로 제한되었기 때문에, 초기 교외 성장은 주로 백인 주민의 이주에 의해 이루어졌다. 이들 중 상당수는 동유럽 이민자들의 자녀들로, 비좁은 도심 지역을 떠나 깨끗한 동네(교외의 공기질이 광고만큼 좋지는 않았지만)에 있는 개인 주택을 찾았다. 애트나와 밀러 지역 모두 백인 이탈의 혜택을 받았지만, 해변가 지역은 더 부유한 가족을 밀러로 끌어들였다. 그 후, 비록 게리웍스의 수질 및 공기질 문제를 완전히 벗어날 수는 없었지만, 주민들은 지역 사회를 주로 백인 부유층으로 유지하려는 노력을 중심으로 조직화에 성공했다. 나중에 다른 부분에 영향을 미친 심각한 경제 침체로부터도 게리 시는 다소 무관한 상태로 남아 있었다. 이러한 이유 때문에 밀러는 나머지 지역과는 극적으로 다른 소득, 자산 가치, 양질의 녹지 공간에 대한 접근성 등에서 애트나와 게리 시의 나머지 지역의 중요한 기준점 역할을 한다.

1940년대까지 게리웍스 공장은 제2차 세계대전과 기록적인 자동차 판매 수요를 충족시키기 위해 최대로 가동되었다. 이후 20년간 게리 시는 호황을 맞았고, 애트나는 교외에서 시내로의 접근을 증가시킨 새 고속도로 덕분에 활기 넘치는 커뮤니티로 성장했다. 교외는 1950년대에 흑인 거주자들에게 공식적으로 개방되었지만, 게리 시가 오늘날까지 지속되는 극적인 인구 변화를 맞이한 것은 그로부터 20년 후였다.

1969년까지, 게리 시의 흑인 철강 노동자는 여타 미국 도시의 노동자들에 비해서는 평균 소득이 높았으나, 여전히 백인 철강 노동자보다는 소득이 낮았다. 1967년 최초로 흑인 시장이 선출된 후, 부동산업자들은 인종적 두려움을 이용한 블록버스팅을 통해 지역 전체를 백인 지역에서 흑인 지역으로 전환시켰다. 지역에 흑인 거주자가 더 많아짐에 따라 공공 및 민간의 지역 투자뿐만 아니라 쓰레기 수거와 같은 도시 서비스도 느슨해지거나 중단되었다. 1970년대와 1980년대에 많은 동네가 백인 거주 지역에서 흑인 거주 지역으로 바뀌었고, 주민들은 그 이전에 백인 주민들이 했던 것과 같은 주택 투자를 통한 부 축적의 기회를 잃어 버렸다(〈상자 2-2〉 참조).[12]

다른 탈산업 도시와 달리, 게리 시는 철강 생산이 1980년대까지 잘 지속되는 것을 보았고, 이는 '러스트 벨트Rust Belt' 현상이 탈산업화와 직접적인 관련이 없다는 것을 보여준다. 그러나 게리 시는 그 당시 형편없었다. 미국제철은 자신들이 행해 온 토지, 물, 공기 오염 등 환경 문제의 책임을 피하기 위해 지속적으로 사회적·인종적 긴장을 집요하게 이용해 왔다.

점점 더 열악해지는 대기의 질, 질병, 직장과 가정에서의 온전치 못한 레크리에이션에 대응하기 위해 환경 운동이 생겨났지만, 백인과 흑인 철강 노동자 사이에, 그리고 더 빈곤한 사람들과 더 부유한 주민들 사이에, 환경적 관심의 우선 순위는 일치하지 않았다. 게리 시의 흑인

상자 2-2. 게리의 역사적 맥락

게리 시에서 '공터에 활기를' 프로젝트를 실행하는 데 영향을 미친 역사적 맥락은 장기간 지속되었던 차별과 백인 외 주민에 대한 착취이다. 이는 게리 시 주민의 이익을 경제적 투자로 포착하려는 강력한 커뮤니티 욕구로 해석된다. 이러한 이유로 시 정부와 주민들은 가능한 한 원료와 노동력 조달을 시 내부로 제한하려는 데 특히 중점을 두었다.

과 가난한 주민들이 주도하는 환경 운동은 필수 자원과 안전한 삶의 조건에 대한 접근을 중심으로 조직된 경향이 있었다. 반면, 백인과 더 부유한 주민들이 주도하는 환경 운동은 종종 다른 주민들보다 자신들이 훨씬 더 많이 사용할 것 같은 레크리에이션 편의 시설 보존에 집중했다. 이해관계자 집단들 사이의 이러한 긴장은 철강 노조의 힘을 약화시키고 나머지 지역으로도 스며들었다. 1970년대에는 환경 정화에 진전이 있었으나, 1980년대 연방 및 여타 정부의 보수 정치가 대부분을 무효로 돌렸다.[13]

물리적 형태

미시간 호 남쪽 해안에 있는 애트나의 서쪽 끝 토양은 95% 이상이 모래로, 서쪽과 남쪽 지역을 둘러싸고 있는 모래 언덕과 매우 흡사하다. 이 토양에는 물이 빠르게 침투하지만 대부분의 지표 아래 토양층이 얕아서 물이 빠져나갈 곳이 거의 없다. 폭우와 눈이 녹으면 지하수면이 빠르게 상승하여 곳곳에서 거리와 지하실이 침수된다.

애트나 인근에는 빈집이 많다. 일부는 15년 이상 비어 있었기 때문에 이웃들은 그곳에 누가 살았는지 기억하지 못한다. 최근 몇 년간 긴급구제 기금을 통해 버려진 집을 철거할 수 있었다. 철거는 지역에 남아 있는 주택 가치를 안정시킬 뿐만 아니라, 애트나와 게리 시를 장기간 폐기물 투기장으로 사용해 온 시카고랜드Chicagoland의 하청 업체와 폐기물 운반 업체가 일으키는 유해 문제를 억제하기 위해서도 시급하다. 그들은 집과 유휴지를 쓰레기로 덮어 자신들의 폐기 비용과 번거로움을 줄이고, 지역 주민들에게 화재 위험을 안기며, 철거 계약자들에게는 값비싼 오염 복구 비용을 부담 지운다.

지역적 맥락

오늘날의 애트나 지역은 대부분 소박한 식민지 및 방갈로 스타일 주거용 주택으로 구성되어 있다. 대부분이 파손 단계에 있는 크고 작은 공원 몇 개, 지역 교회 몇 개, 그리고 2005년에 문을 닫은 애트나 초등학교 건물이 있다. 게리 시에는 현재 주민 80,000명이 사는데, 인구가 정점을 찍었던 1960년의 약 45%에 불과하며, 계속 줄어들고 있다. 고속도로, 거리의 구조, 상업 개발의 저밀도 등으로 인한 고립으로, 애트나 주민들은 통근이나 레크리에이션 활동, 식료품점이나 편의 시설에 가기 위해 자동차에 의존한다(〈그림 2-2〉 참조).

게리 시 그린어바니즘 환경사무국은 지역의 회복탄력성 촉진을 위해 그린 빗물 관리 포트폴리오를 구축했다. 그들은 성공적인 프로젝트 수립 및 녹색 가로 재건에 도움이 되는 유휴지 재사용('공터에 활기를' 포함)과 빗물 관리 인프라를 위해, 그리고 지역 및 환경 자산으로서의 사구, 습지대, 해변가

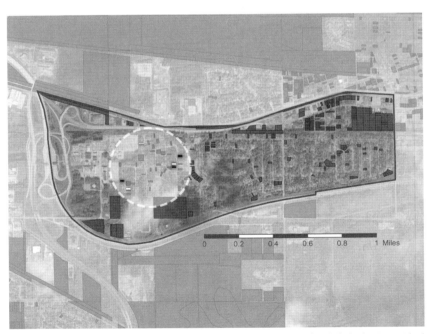

그림 2-2. 게리 시의 애트나 지역에 있는 '공터에 활기를' 프로젝트 부지(검정색)와 비교군으로서 미처리 부지(흰색)를 나타낸 도면. 기타 유휴지는 회색 음영으로 표시
자료 출처 : 게리 시, Esri

등의 보호를 위해, 빈집과 빈집의 가시적 상징이던 쉐라톤 호텔 철거 기금을 모았다.

몇 가지 개별적이면서도 통합적인 커뮤니티 계획 프로세스는 호반 및 지역 계획의 두드러진 특징인 그린 인프라로 이어졌다. 시 조례에는 게리 시 지역 기반의 계약 업체 및 상품과 협력하기 위한 요구 사항이 포함되며, 가능한 도시의 초기 도시 녹지 인력인 도시보존 팀을 통합하여 기금이 지역 경제에 최대한 이익을 가져다 줄 수 있도록 지원한다. 이 방향은 지역 경제 발전의 보상에서 흑인 주민들이 오랫동안 배제되어 왔음을 인식하고 이를 시정하기 위한 노력이라고 볼 수 있다.

2016년 게리 시 위생지구와 게리 시 정부는 미국 환경보호국 및 주 환경 관리부와 폐수 및 빗물 배출 문제를 해결하기 위해 1979~2003년 사이에 제정된 몇 가지 합의에 대한 개정에 동의의결을 체결했다.[14] 2016년 동의의결은 하수도 범람을 억제하고 그랜드캘루멧강Grand Calumet River을 포함한 인디애나 북서부 강변 지역을 따라 생태계를 복원하는 실천 계획의 윤곽을 그렸다. 동의의결 관련 활동에 연관된 요금 납부자들의 재정 부담을 줄여 주고 여타 장기적인 환경 문제에 대한 구제를 제공하기 위해, 시는 빗물 유출을 완화하고 주민 녹색 편의 시설을 만들기 위한 그린 인프라 보조금을 적극 추진해 왔다. 2008년 게리 시 종합계획은 도시공원의 부족 해소와 지역 개발, 빗물 수집, 공공 녹지 공간 및 상호 연결된 트레일 시스템을 위해 유휴지 보존을 요구한다. 빗물 관리 그린 인프라 설계에 지역 사회를 참여시키기 위한 미국 환경보호국으로부터의 기술 지원 보조금 수령으로, 2013년 그린 인프라 계획이 강화되었다. 2018년에 시작된 게리 시 종합계획은 그린 인프라 계획 및 경제 발전에 도시의 초점을 두고 진행될 것이다.[15]

버팔로: 웨스트사이드

메인 스트리트는 뉴욕 주 버팔로 시를 이스트사이드와 웨스트사이드로 나

눈다. 웨스트사이드 지역은 나이아가라강을 따라 버팔로 도심 바로 북쪽에 있다. 2005년 버팔로의 웨스트사이드에서 시작된 지역 커뮤니티 기반 조직인 지속가능한 주거를 위한 시민연대는, 광범위한 빈집 방치로 지역이 급격히 쇠락하고 있을 때 일자리 부족 및 지역 상황 타개를 위해 주민 중심의 공공 캠페인을 주도했다. 그들의 업무에는 저렴한 주택, 지속가능성, 그린 인프라, 녹색 일자리 창출 및 교육 등이 포함되어 있었다. 지속가능한 주거를 위한 시민 연대를 활용한 커뮤니티의 노력은 소득과 무관하게 거주자들에게 공정하고 합리적인 임대료를 부과하여 주택 재고를 훨씬 더 많이 확보해 왔다.

문화사

1800년대 초, 백인 정착민들은 버팔로 지역에 세네카^{Seneca} 사람들을 이주시키기 시작했다. 1850년에 이르러서 버팔로는 이리^{Erie} 운하와 오대호가 연결된 덕분에 중요한 철강 및 제조업 도시가 되었다. 19세기 후반, 웨스트사이드는 이민 노동자, 특히 주로 가톨릭 신앙의 이탈리아인과 동유럽인으로 호황을 누리고 있었다.[16] 한 가문의 여러 세대가 대개는 같은 동네에서 가까이 살며 같은 산업에 종사했다.

그런데 1920년대에 들어 초기 버팔로 지역을 건설한 이민자 국가에 대한 이민 제한이 연방 정부에 의해 결정되었다. 지속적인 공장 가동을 위해 대부분 시골 출신인 미국 남부의 흑인과 푸에르토리코 및 기타 카리브해 이민자들이 대거 유입되었다. 다른 도시에서와 마찬가지로 흑인 주민들은 거주할 수 있는 지역에 제한을 받았고, 이는 지역 사회의 인종적 통합을 방해하였다.

민족적·인종적 정체성은 버팔로 지역 사회의 특성을 형성하는 동시에 공동체와 정치 사이의 경계를 흐리게 했다. 노동 계층의 지역 주민들은 대부분 사업체나 경제 엘리트들과는 거리가 먼 삶을 살았기 때문에 그들이 힘을 갖는 길은 정치에 있었고, 그러한 경력은 지역 사회 수준에서 시작

되었다. 다수의 민주당 대중
과 소수의 공화당 정치인이
경합하는 상황에서 시민들은
인종이나 민족적 동기에 의
해 많은 결정을 내렸다 (〈상자
2-3〉 참조).[17]

1800년대 후반, 이탈리아
계, 헝가리계, 폴란드계, 독
일계 동네는 자급자족이 가
능해지자 도심 상업 지구를

상자 2-3. 버팔로의 역사적 맥락

버팔로 주민들의 적극적 정치 참여는 공동체 의사 결정 과정을 형성하여, 지역 사회에 강력한 영향을 미치는 정책 개발 및 실행을 가져 왔다. '지속가능한 주거를 위한 시민 연대'와의 협력 작업은 강력한 커뮤니티 조력자와 함께 성취할 수 있는 일이 무엇인지를 보여주었다. 그들의 참여는 '공터에 활기를'의 성공에 큰 도움이 되었다.

만드는 구상이 불필요하다고 여겼다. 그러나 전차의 등장과 미국에서 태어난 후손들이 곧 그 생각을 바꾸었다. 20세기 초, 전차 건설은 소수 민족 지역을 버팔로 도심과 연결해 주었다. 새로운 이동 수단은 인근 상업 지구를 고갈시켰으며, 또한 단일 문화를 희석시켰다. 1920년대까지 자동차 또한 도심에서 일하는 근로자가 직장에서 지역 상업 지구로 효율적으로 돌아갈 수 있게 함으로써 도심의 상업을 고사시켰다.

1959년 세인트로렌스 해로St. Lawrence Seaway가 개통되면서 오대호와 대서양을 직접 잇는 경로가 생겼다. 이는 버팔로의 상업 경제를 심각하게 훼손하고 산업 의존도를 높여, 도시 경제가 향후 닥쳐온 국내산 철강 및 자동차 산업의 쇠락에 속수무책이 되게 했다.[18]

환경 파괴는 산업화와 병행하여 일어났다. 버팔로강과 나이아가라강은 수년간 산업 폐기물을 처리하는 데 사용되었는데, 1940년대에 특히 심했다.[19] 1949년 미국 공중보건국US Public Health Service은 나이아가라강이 '미국에서 가장 심각하게 오염된 강 중 하나'라고 선언했다. 버팔로강과 나이아가라강은 산업 및 생활(하수 포함) 오염 물질을 배출하여 물과 퇴적물을 오염시키고 강과 이리호에서 야생 동물을 죽음에 이르게 하여, 1987년에 오대호 수질협정에 따라 별도의 문제 지역으로 지정되었다. 공식적으로는 수

영과 낚시가 허용되지 않았지만, 공공연히 행해졌고 특히 이주민들 사이에서 인기가 있었다.

물리적 형태

이 지역의 토양은 빗물 관리가 쉽지 않다. 모래와 점토가 얽혀 있어 조작하기 매우 어려운 조밀한 벽돌로 압축될 가능성이 있으며, 또한 유출물을 다량 만들어 낼 수 있다. 웨스트사이드 빗물 관리의 초점은 증발산[20]과 토양을 분해하기 위한 식물 성장을 촉진하고, 표면의 시트 흐름을 늦추고, 유기 물질로 토양의 수분 보유 능력 키우는 것이다.

지속가능한 주거를 위한 시민 연대의 그린 인프라는 이제 빈 부지를 활용하고 도시의 물을 정화하고자 하는 버팔로 시의 많은 노력의 일부가 되었다. 2014년에 미국 환경보호국과 뉴욕 주 환경보존국은 버팔로 시와 버팔로 하수 당국의 장기적인 '공터에 활기를' 관리 계획을 승인하여, 합류식 하수 시스템을 통해 지역 수도로 유입되는 하수 및 빗물 유출을 감소시켰다.[21] 장기 통제 계획은 미국 환경보호국의 2012년 규정 준수 명령을 따르고, 버팔로 하수 당국이 비용 약 3억 8천만 달러로 20년간 미처리 배출량 1,750억 갤런을 줄일 것을 약속한다. 그 투자에는 유휴지 변형 및 철거를 통해 1,315~1,620에이커의 불투수성 표면을 제거하는 빗물 관리 그린 인프라에 소요될 9,300만 달러가 배정되어 있다. 또한 장기적 빗물 관리 계획에는 빗물 홈통 분리downspout disconnection 60%와 녹색 가로 60%가 목표로 설정되어 있다.

지역적 맥락

지속가능한 주거를 위한 시민 연대는 도시 녹화 작업의 일환으로, 지역 사회에 봉사하는 다양한 도시 녹화 프로젝트로 전환된 25개 블록 규모의 녹색 개발 구역Green Development Zone을 만들기 위해 커뮤니티 정원과 그린 인프라 대상지를 설치하고 관리해 왔다(〈그림 2-3〉 참조). 녹색 개발 구역에는 재생 가능 에너지, 녹색 주택 재건, 도시농업 및 빗물 관리 그린 인프라가 통합된 필지 120개가 있다. 전체적으로 이러한 프로젝트와 이를 지원하고 있는 지속가능한 주거를 위한 시민 연대 프로그램은, 생활 임금 일자리 100개를 창출하고 연간 탄소배출량을 155미터톤 감소시켰으며 저렴하면

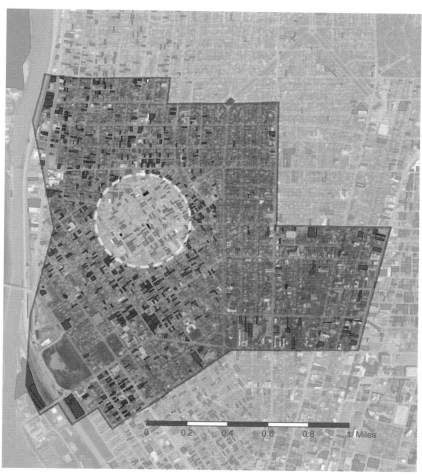

그림 2-3. 버팔로의 웨스트사이드 지역 내 '공터에 활기를' 프로젝트 부지(검정색)와 비교군으로서 미처리 부지(흰색)를 나타낸 도면. 기타 유휴지는 회색 음영으로 표시
자료 출처: 버팔로 시, Esri.

서 지속가능한 주택 90세대를 창출한 것으로 추정된다.[22]

　버팔로의 웨스트사이드는 주거 및 상업용 토지 이용이 매우 높은 수준으로 혼재되어 있다는 점에서 우드랜드힐스 및 애트나와 다르다. 인근에는 그랜트스트리트의 주요 상업 개발 구역과 함께 지역 및 세계 요리를 제공하는 가게, 레스토랑, 카페가 즐비하다. 최근 수십 년 동안 소말리아, 수단, 버마 출신의 이민자가 증가함에 따라 40개가 넘는 언어가 사용되는 다양한 이웃이 형성되었다. 중밀도의 복합 용도 개발과 주요 도로들의 연결은, 이 지역이 교통이 좋고 자전거 접근성도 좋으며 매우 걷기 좋은 공간이라는 인상을 준다.

　시는 2017년에 개정된 도시계획인 버팔로 그린 조례Buffalo Green Code를 채택하여, 빗물 수집, 나무 보존, 녹색 조경, 수변 재활성화에 대한 규정을 통합함으로써 지속 가능한 토지 이용을 촉진하였다. 이 조례는 또한 유휴지에 대한 은행의 임시 및 영구적 사용을 명시하는 토지 거래를 허용한다. '공터에 활기를' 프로젝트 팀원 션 버크홀더Sean Burkholder가 이끄는 별도의 유휴지 계획에서, 버팔로 대학의 학생 연구원들이 수천 개의 유휴지 빗물 수집을 정량화했다.[23] 이 자료는 유휴지와 철거가 버팔로 하수 당국의 장기 관리계획하에 그린 인프라로 간주되는 데 기여했다.

세 도시의 비교

유사성, 그리고 유휴지를 그린 인프라로 활용하는 데 대한 관심과 유사성 때문에 선정한 위의 세 지역은, 도시 녹화 계획을 성공적으로 만드는 시스템과 프로세스와 관련해 유용한 비교점을 제공한다. 클리블랜드의 우드랜드힐스, 게리의 애트나, 버팔로의 웨스트사이드는 기후, 주거 인구통계, 규제 의무 및 오대호상의 위치뿐만 아니라 철강 및 제조 개발 측면에서도 유사하다. 이러한 유사성은 규모, 정치, 협력체 조직, 지역 규제들 등이 상이한 여러 도시에서 토지 접근, 프로젝트 구현, 주민 참여 및 유지 관리 등의 방식에 각각 어떤 영향을 미칠까?

각 지역 사회의 역사를 이해한다는 것은, 그 토지가 어떻게 개발되었는지 또 시간이 지남에 따라 어떻게 붕괴되었는지, 도시 녹화 프로젝트에 영향을 미치는 지역의 물리적·사회적 역학을 밝히는 것이다. 이 역사적 맥락은 다음 장에 설명하는 것처럼 프로젝트 팀이 어떻게 프로젝트 현장을 선택했는지, 어떻게 주민들의 우려에 귀를 기울이고 참여하게 했는지, 그리고 마지막으로 어떻게 빗물을 수집하고 지역 사회 안정을 도왔는지 등을 구체적으로 검토해 프로젝트를 계획하는 데 유용한 정보를 알려준다.

---

1. Olivia B. Waxman, "Ellis Island's Busiest Day Ever Was 110 Years Ago. Here's Why," *Time*, April 17, 2017, http://time.com/4740248/ellis-island-busiest-day/.

2. Matthew E. Kahn, "The Silver Lining of Rust Belt Manufacturing Decline," *Journal of Urban Economics* 46, no.3 (1999): 360-376.

3. Branas et al. "A Difference-in-Differences Analysis of Health, Safety, and Greening Vacant Urban Space"; Charles C. Branas, David Rubin, and Wensheng Guo, "Vacant Properties and Violence in Neighborhoods," *ISRN Public Health* 2012 (2012): 1-23.

4. Mark Goldman, *High Hopes: The Rise Qnd Decline of Buffalo*, New York (Albany, NY: SUNY Press, 1983).

5. US Census Bureau, *Decennial Census of Population and Housing* (Suitland, MD: US Census Bureau, 1970 and 2010).

6. "Architecture, Residential," Encyclopedia of Cleveland History, Case Western Reserve University, accessed July 30, 2018, http://case.edu/ech/articles/a/architecture-residential.

7. 2014년 클리블랜드 식물원과 홀던 수목원(오하이오 주, 커트랜드 소재)가 합병되어 홀던 숲과 정원이 되었다.

8. "Re-Imagining Cleveland," Cleveland Neighborhood Progress, accessed July 30, 2018, http://www.clevelandnp.org/reimagining-cleveland.

9. Cleveland City Planning Commission, *8 Ideas for Vacant Land Reuse in Cleveland* (Cleveland, OH: City of Cleveland, 2011).

10. USEPA and State of Ohio v. Northeast Ohio Regional Sewer District, case 1:10-cv-02895-DCN (6th Cir. 2011); NEORSD, Appendix 3 Green Infrastructure Anticipated Co-benefits Analysis (Cleveland,

OH: NEORSD, March 26, 2015).

11. "Northeast Ohio Regional Sewer District Clean Water Act Settlement," USEPA, accessed July 30, 2018, http://www.epa.gov/enforcement/northeast-ohio-regional-sewer-district-clean-water-act-settlement.

12. Andrew Hurley, *Environmental Inequalities: Class, Race, and Industrial Pollution in Gan, Indiana, 1945-1980* (Chapel Hill, NC: University of North Carolina Press, 1995).

13. Hurley, *Environmental Inequalities*.

14. USEPA and State of Indiana v. The City; of Gary, Indiana, and Gary Sanitary District, case 2:16-cv-00512 (7th Cir. 2016).

15. "Gary Comprehensive Plan Update," City of Gary Redevelopment Commission, accessed October 31, 2018, http://www.garyredev.org/compplan2018.html.

16. Goldman, *High Hopes*.

17. Diana Dillaway, *Power Failure: Politics, Patronage, and the Economic Future of Buffalo, New York* (Westminster, MD: Prometheus Books, 2006).

18. Goldman, *High Hopes*.

19. Goldman, *High Hopes*.

20. 증발산(evapotranspiration)은 물이 공기 중으로 바로 손실되는 증발과 식물의 뿌리를 통해 이동하여 잎과 줄기를 통해 대기로 증발되는 발산의 결합이다.

21. USEPA, "EPA Approves Buffalo Sewer Authority's Plan to Reduce Sewage and Water Pollution in Niagara River" (news release), April 14, 2014, https://archive.epa.gov/epapages/newsroom_archive/newsreleases/f62f59fbdaee3abd85257cba005a497e.html.

22. "Water Equity Clearinghouse: PUSH Buffalo," US Water Alliance, accessed October 30, 2018, http://uswateralliance.org/organization/push-buffalo.

23. Sandra L. Albro, Sean Burkholder, and Joseph Koonce, "Mind the Gap: Tools for a Parcel-Based Storm Water Management Approach," *Landscape Research* 42, no.7 (2017): 747-76

3장
'공터에 활기를' 계획

'공터에 활기를' 프로젝트의 목표 중 하나는 이질적인 토지용도(레크리에이션과 빗물 관리)가 유휴지의 좁은 경계 안에 공존할 수 있는지 시험하는 것이다. 토지 이용을 병합하면 공간을 효율적으로 이용할 수 있을 뿐 아니라 보존에 투자하는 이해관계자 집단을 확대해 향후 개발로부터 도시 내 녹지 공간을 지킬 수 있다.

한편, 토지 이용 병합의 잠재적 단점은 병합이 가져올 사회적이고 환경적인 이점 사이에 서로 간섭할 위험이 있다는 것이다. 예를 들면 빗물 정원에서 뛰거나 노는 행위는 땅을 다져서 토지의 투수 능력을 낮출 수 있고, 레크리에이션 구역에 고여 있는 물은 놀이 기구와 길, 벤치의 쾌적한 환경을 저해한다. 빗물 관리를 위해 어느 정도의 공간이 필요한지 알 수 없었던 프로젝트의 초기 단계에서는 이러한 위험 요소가 더 불확실해 보였다. 프로젝트가 진전됨에 따라 우리는 지하 저장 공간을 늘림으로써 빗물 정원이 지표상에 차지하는 비중을 줄일 수 있으며, 완만하게 경사진 부지가 레크리에이션 시설로부터 빗물을 흘려보내 간섭을 줄일 수 있음을 확인하였다. 또한 새집과 화단으로 제공되는 보다 정적인 레크리에이션을 위한 토지 이용은 빗물을 모으는 것과 충돌을 일으킬 가능성이 더 낮았다.

계획과 주민 참여에 대한 이해는 이전 장에서 살펴본 대로 역사적 맥락을 통해 보완되었다. 이러한 맥락은 지난 수십 년 동안의 도시 쇠퇴가 어떻게 일부 주민들로 하여금 지역에 대한 새로운 투자가 그들의 안전과 포용성에 영향을 미칠지에 대해 걱정하게 만들었는지 보여준다. 과거의 토지 이용, 철거의 역사, 현재 지역의 조건에 대한 지식은 프로젝트의 조성에 영향을 미칠 수 있는 토양의 다짐, 오염, 폐기물 투기와 같은 물리적 속성을 이해하기 위해 중요하다.

도시 녹화를 위한 유휴지의 선정

프로젝트의 입지와 부지의 물리적 특성이 프로젝트의 성공에 큰 영향을 미침에도 불구하고, 일반적으로 도시 녹화 부지는 그 실질적 수행 능력과는 무관한 이유로 선정되곤 한다. 유휴지는 수백, 수천이지만 도시 녹화 부지는 일반적으로 하향식보다는 (필지 수준에서부터) 상향식 과정을 거쳐 선정된다. 부지는 입지와 접근성 때문에 또는 흉물스러움 때문에 선정될 수 있으며, 그렇게 되면 프로젝트는 그 부지 자체에 맞추어 설계된다. 가령 유출수의 흐름과 침투에 영향을 미치는 토양이나 지형의 특성은 계획 과정 후반에 이르기까지 고려되지 않곤 한다. 다른 예로 혁신적인 도시 녹화 프로젝트는 부유한 지역 사회에서 진행되는 경우가 많은데, 그러한 입지가 프로젝트의 가시성을 높일 것이라는 인식 때문이다. 이에 따라 취약한 지역 사회의 형평성에 이바지하고자 하는 도시 녹화의 잠재력은 실현되지 않기도 한다.[1]

비용 효율성을 높이고 유역이나 지역 단위처럼 더 큰 규모에서 빗물 관리 그린 인프라의 기능성을 극대화하려면 부지 선정을 위한 하향식 접근법을 더 자주 사용해야 한다. 반면 그러한 방식의 도시 녹화 접근법에 대한 지침을 제공하는 자료는 매우 적다. 이런 점을 염두에 두고 '공터에 활기를' 팀은 여러 프로젝트에서 입지를 정하는 하향식 접근법을 취하기 위해 유연하게 사용할 수 있는 과정을 시험했다. 프로젝트 성공에 중요하다고 생각되는 일련의 부지 특성과 기준을 사용하여 각 도시에서 서로 가까운 거리에 위치한 3개의 클러스트로 긴 유휴지 목록을 정리했다. 가능하면 공공 데이터와 오픈소스 GIS 소프트웨어를 사용하여 이 과정을 다른 프로젝트에서 반복할 수 있도록 하여 의사 결정을 자동화하였다. 이 방법은 GIS 소프트웨어와 데이터 처리에 관한 전문 지식을 요구한다는 난점이 있지만 프로젝트가 계획대로 작동할 가능성을 높여주는 이점이 있다. 또한 오염원을 피할 뿐만 아니라, 많지 않은 프로젝트 예산을 빠르게 소모시킬 수 있는 굴착과 땅 고르기의 소요량을 줄임으로써 위험 요인과 관련 비용을 낮출 수 있다.

이러한 과정을 통해 우리는 다양한 공간 규모에서 기능하는 프로젝트 목표 목록을 개발하고 점진적으로 더 작아지는 세 공간 범위에서 작동하는 부지 선정 방법을 고안해냈다(〈그림 3-1〉 참조).

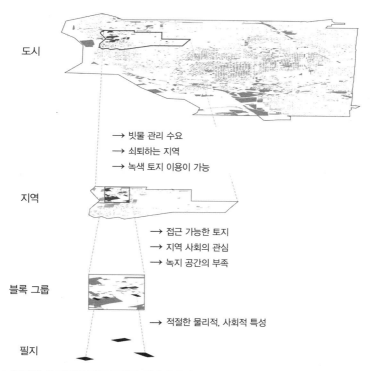

그림 3-1. '공터에 활기를'은 빗물 공원을 위한 유휴지 선정을 위해 하향식 과정을 시험했으며, 도시 수준으로부터 점진적으로 작아지는 공간 범위에 부지 선정을 위한 기준을 적용하였다.
자료 출처: 버팔로 시

도시

클리블랜드의 경우, '공터에 활기를' 프로젝트의 부지를 선정하는 과정이 도시 수준에서 시작되었는데, 2012년에 유휴지가 25,000개 이상까지 증가했다(게리 시와 버팔로에서 지역neighborhood은 지역 사회 협력체들에 의해 우선적으로 파악되었으며, 다음으로 지역 내 유휴지가 평가되고 프로젝트 부지로 좁혀졌다). 대상 지역을 그린 인프라가 적합하고 성공적일 곳으로 좁혀 나가기 위해 우리는 도시 수준에서 지역 사회 안정화 대상 구역, 빗물 관리 우선 구역, 도시 녹화가 허용되는 토지 이용 구역을 고려하였다(〈표 3-1〉 참조). 또한 경제 안정화나 재개발을 위해 연방이나 주, 현지 자금의 투자를 받아온 지역, 홍수나 합류식 하수도 월류수로 인해 빗물 관리가 시급한 지역, 도시농업과 토지 재사용 프로그램이 활발한 지역, 공식적으로 녹지 구역을 지정한 지역을 우선으로 하였다.

표 3-1. '공터에 활기를' 프로젝트 후보 지역의 선정 기준

기준	판단 근거	관련 지표
빗물 관리 대상 구역	·하수도 지구 대상 구역 ·녹색 구역 지정 ·빗물이나 합류식 하수도 배출을 통제하는 주 또는 연방 정부 법의 미준수	·연간 CSO 발생 건수/발생량(갤런) ·미처리 방출수의 양(갤런) ·기존의 그린 인프라 ·요구되는 준수 사항
지역 사회 안정화 대상 구역	·안정화나 철거를 위한 연방, 주 정부의 지원 ·도시계획 지정 ·유휴/폐기에 대한 기존의 적정 수준 또는 증가율	·공공기관 밀집도(학교, 생활지원시설, 도서관, 레크리에이션 센터) ·인구 밀도와 변화율 ·인구통계학적 정보 ·철거율 ·주택 거주(율)
도시 녹화 허용	·농업/원예 현황 ·기존의/계획된 도시 녹화 프로젝트 ·그린 인프라를 허용/권장하는 공식 지정 구역 ·주민에게 환영받는 녹색 재사용	·도시 농장과 커뮤니티 정원 ·개인 정원 ·녹색 빗물 관리 정책

환경적 불평등의 문제를 다루기 위해 우리는 각 지역 사회의 인구통계 학적 구성도 고려했으며, 인종적·민족적 소수 집단과 저소득층이 많아 취약한 지역을 우선으로 하였다. 프로젝트가 시작되었을 때 녹색 빗물 관리와 유휴지 이용은 주체와 과정 모두의 측면에서 그다지 겹치지 않았다. 오늘날에도 식량 부족과 환경적 불평등, 지역 사회의 투자 중단을 완화하려는 정치 운동에 뿌리를 둔 도시농업 운동과 환경적 사유가 주도한 빗물 관리 그린 인프라 운동 사이에는 괴리가 있다. 이러한 차이는 (2장에서 서술했듯) 안전하고 건강한 집과 식량, 물을 상대적으로 가까이하기 어려웠던 가난한 철강 노동자와 레크리에이션 공간의 질을 유지하기 위해 주변을 정리했던 부유한 철강 노동자 사이의 괴리를 상기시킨다. 도시농업의 교훈은 생태적 성향의 프로젝트가 지역의 사회적 조건을 개선할 수 있다는 것이며, 그 가능성은 프로젝트의 입지를 정하고 설계할 때 사회적 요인이 고려된다면 더 커진다.

도시 수준에서는 또한 유휴지에 대한 접근 가능 여부를 타진하였는데, 구역 규제, 토지은행, 소유주와의 계약 또는 직접적 협의를 통한 토지 접근 권한을 고려하였다. 우리는 이러한 요인들을 사용하여 친환경적 재사용 및 여타 프로젝트 우선사항에 긍정적인 소유주와의 계약을 통해 토지에 접근 가능한 구조를 갖춘 지역에 우선순위를 부여했다.

지역

다른 계획의 작업을 기반으로 우리는 각 지역에서 활동하고 있거나 잠재적인 지역 사회 협력체를 고려하였다. 게리 시의 노스사이드 재개발 Northside Redevelopment과 연방 긴급구제기금 프로그램은 '공터에 활기를'과 유사한 목표를 가진 중요한 지자체 프로젝트이다. 지속가능한 주거를 위한 시민 연대와 버크아이쉐이커 광장개발조합Buckeye Shaker Square Development Corporation과 같은 기존 조직에 대한 지역 사회의 지지는 버팔로와 클리블랜드에서 우리의 선택에 영향을 미쳤다. 지역 수준에서 우리는 또한 기존 공원과 녹지 공간의 밀도, 유휴지의 밀도, 사회경제적 속성, 대중교통과 도보, 자전거를 통한 접근성, 지역 하수국에 의한 빗물 관리 우선순위의 지정 여부 등을 고려하여 보다 세밀하게 구체화할 고려 사항들의 토대를 마련했다.

블록 그룹

지역이 선정되면 우리는 미국 지질조사국과 미국 통계국US Census Bureau의 환경적·사회경제적 데이터를 사용하여 인구통계 데이터를 사용할 수 있는 최소한의 지리학적 단위인 블록 그룹block group*으로 시야를 좁혔다(〈표 3-2〉 참조). 환경적 고려 사항은 다음과 같다.

- 합류식 하수도 월류수의 용량이 큰 하수 처리 구역sewersheds: 빗물 관리 그린 인프라는 이러한 구역의 수질에 영향을 미치는 데 더 효과적일 수 있다 (이러한 정보는 클리블랜드에서 접근이 가능하다).
- 유역watershed에서 필지의 위치: 유역상에서 더 높은 위치는 유출수가 하수 시스템에 진입하기 전에 분산된 그린 인프라를 통해 모이게 함으로써 더 효과적일 수 있다는 가정하에 우선순위를 매겼다.
- 기존의 녹지 공간에 대한 필지의 근접성: 우리는 아직 공원을 갖추지 못한 지역 사회를 우선시하기 위해 녹색 편의시설로부터 멀리 떨어진 필지들을 찾았다.
- 구역의 경사와 지형: 더 평평하고 고른 필지가 평탄화 작업이 덜 필요하며 도로의 배수로로 기울어 있지 않다는 가정하에 우선순위가 지정되었다.

----

* 역자 주: 블록 그룹(block group)은 미국 통계국의 인구 조사(census)에서 사용하는 지리적 단위이다. 미국 인구 조사의 지리적 단위는 주(state), 카운티(county), 인구 조사 표준 구역(census tract), 블록 그룹(block group) 순으로 구분된다. 블록 그룹은 일반적으로 600~3,000명 사이의 인구를 포함하며 도로나 하천, 행정 구역 경계 등으로 비교적 쉽게 식별되는 블록의 군집으로 이루어져 있다.

표 3-2. '공터에 활기를' 프로젝트 후보 블록 그룹의 선정 기준

기준	판단 근거	관련 지표
토지의 접근 가능성	·공공 소유의 유휴 부지 ·녹색 재사용을 지원하는 개인 소유의 유휴 부지 ·공공 유휴지의 임대/매입 프로그램	·유휴지/유휴 토지 구역 ·현재의 임대차 계약 ·옆 뜰(side yard)
현재 토지의 빗물 침투 수준	·토양이 물을 침투시킴 ·지하수면이 충분히 낮음 ·빗물을 모으기에 적합한 현지 지형 ·철거의 대부분이 1996년경 혹은 이후에 발생(철거 폐기물이 남아 있을 가능성이 낮음)	·점토 함량 ·침투율 ·지하수면의 깊이 ·지형: 경사, 경사 다양성 ·불투수성 지표 면적 ·자주 범람하는 구역
단일 하수 처리 구역 내 위치	·큰 지형적 특성상 갑작스런 변화가 없음 ·하수도 지도는 동일한 하수 처리 구역(sewershed)이 있는 것으로 나타남	·지형: 고도, 경사 ·하수도/유역의 위치
적절한 토지 공실	·유휴 상태를 보여주는 항공 사진, 필지 수준의 데이터, 현장 방문	·유휴지/유휴 토지 면적 ·유휴지의 평균 크기, 밀도, 연결성 ·철거의 역사
적절한 주택 밀도	·60% 혹은 그 이상의 주택이 거주 중	·주택 거주 ·임대 비율 ·인구 밀도 ·우편 유휴율
레크리에이션을 위한 필요 조건	·레크리에이션 활동을 저해하지 않는 수준의 지역 사회 내 폭력, 범죄율 ·도보/자전거 교통 ·학교, 요양 생활 시설, 대중교통과 가까운 위치 ·(더 많은) 레크리에이션 공간에 대한 충분한 요구 ·비공식적 레크리에이션 이용의 징후	·범죄율 ·제도적 밀도 ·현재의 레크리에이션 공간 ·주민 피드백 ·공원에서 도보 10분 거리에 사는 주민들 ·소로, 타이어로 만든 그네
도시 녹화에 대한 긍정적 인식	·지역 사회의 계획이 도시 녹화를 포함 ·도시 내 녹지 공간이 잠재적 토지 이용으로 기대됨 ·현재의 녹색 재사용	·녹색 재사용 중인 필지 ·녹색 구역 지정 ·주민 피드백

2010년 미국 인구 조사의 사회적·경제적 데이터는 수입, 인종 구성, 나이, 집값의 블록 그룹과 인구 조사 표준 구역census-tract 수준을 고려하였다. 인구 조사 및 현장 조사 기반 공실률은 지역 안정화의 필요성에 대한 평가를 제공하여 선택할 수 있는 다양한 유휴지가 있는 지역과 새로운 편의 시설을 통해 상당한 공익을 보장할 거주자 밀도를 찾을 수 있었다. 다른 지역 사회의 강화 프로그램에 대한 근접성도 중요한 선정 요인이었다. 다른 유형의 지역 투자로부터 추진력을 얻고자 했기 때문이다. 이 단계에서 우리는 지역 사회 협력체들과의 광범위한 협의에 의존하였다.

필지

일단 초점 지역이 생기자, 우리는 정성·정량 분석을 조합하여 빗물 공원으로 만들 수 있는 후보 필지parcel를 세 곳의 목록으로 좁혔다(⟨표 3-3⟩ 참조). 또한 (6장에서 서술한 바와 같이) 생태학적 모니터링을 위한 비교를 목적으로 유휴 상태로 남겨진 유사한 인근 필지 세 곳을 파악해 두었다. 우리는 GIS 필지 정보와 인구 조사 데이터를 분석하여 시 정부나 협력 기관이 소유 중이고 임대나 다른 방식의 계약을 통해 작업이 가능한 유휴지를 찾아냈다. 원격으로 감지된 데이터(약 11피트의 해상도)에서 도출된 미국 지질조사국의 지형도를 사용해 각 필지 주변으로 100피트의 완충 지대의 지형을 조사하여 빗물을 모으고 머금는 능력에 영향을 미치는 속성인 경사도, 주요 경사의 방향, 토지의 오목하고 볼록한 상태를 파악하였다(⟨표 3-4a⟩ 참조).

고해상도 지도를 사용할 수 없는 버팔로는 예외였다. 다행히 버팔로의 필지들은 균일하게 평평한 편이었으며, 지형상의 차이가 지형도와 다르다고 볼 정도로 크지 않았다. 여기에서 프로젝트 협력체인 지속가능한 주거를 위한 시민 연대는 그들이 버팔로 지역 사회 안정화 조합Buffalo Neighborhood Stabilization Corporation으로서 소유한 후보 필지들을 확인하였고 빗물 관리를 위한 사용을 허가해 주었다.

가용 부지의 목록을 관리 가능한 수준으로 좁히고 나면, 우리는 구글 지

표 3-3. '공터에 활기를'에서 프로젝트 후보 유휴지의 선정 기준

기준	판단 근거	관련 지표
정적-동적 활용을 위한 필지 적합성	·인근 주거지, 업무지, 학교 ·낮은 단기 내 재개발 가능성 ·낮은 보존 필요성	·제도적 밀도 ·인근의 주거 여부 ·비공식적 레크리에이션 활용 지표
토양이 빗물의 침투를 허용할 것	·계절적/간헐적으로 고여 있는 물이 없을 것 ·낮은 점토 함량 ·낮은 다짐 정도 ·빗물을 모으기에 적합한 지형	·체적 밀도 ·침투율 ·토양의 심층 검사 ·경사
필지에 오염의 위험이 없을 것	·브라운필드brownfield가 아닐 것 ·과거/현재의 토지 이용이 오염의 우려를 나타내지 않을 것(지하 탱크, 타이어/화학물 매립, 드라이클리닝 업체가 아닐 것)	·부지의 역사: 공적 기록, 구술사 ·토양 검정: 오염물
복잡하지 않은 굴착	·알려진 토지 이용과 철거의 역사 ·법으로 통제된 폐기물 제거를 거친 철거가 발생했던 곳 ·과거에 매립지로 알려지지 않았을 것	·부지의 역사 ·토양의 심층 검사
레크리에이션 활용과 연계되는 현재의 토지 이용	·근래에 지름길이나 놀이 공간, 모임 장소로 이용 ·안전 위험이 있는 부지나 사물이 가까이에 없을 것 ·주민들의 동의	·현장 방문 ·현재의 이용에 관한 지표 ·주민 피드백
필지 접근의 안전성	·법이 도시 녹화를 허용 ·매입, 임대 혹은 다른 계약이 가능	·소유권 ·구역 설정(zoning) ·재산 가치

도와 현장 답사를 통해 필지들을 12개의 정성적 양자택일(예/아니오)의 기준으로 평가하였다(〈표 3-4b〉 참조). 어떤 경우에는 원격으로 측정된 정량적 데이터를 확인하거나 보완하기 위해 정성적 기준이 만들어졌다. 기준은 프로젝트 팀에게 더 중요한 속성에 우선으로 가중치를 주도록 설정되었으며, 각각의 필지는 이러한 기준에 따라 점수를 부여받았다. 우리는 정성적이고 정량적인 기준에 근거하여 후보 유휴지의 순위를 매겼다. 후보 필지

표 3-4a. 레크리에이션과 빗물 관리를 위한 필지 적합성 평가에 사용된 정량적 기준

정량적 기준	설명
필지로부터 100피트 내 거주 중인 주택 (개수)	지역화된 주택 거주를 나타낸다. 주변에 프로젝트로부터 혜택을 입을 주민들이 충분한가?
필지의 곡률 (합계)	필지가 얼마나 오목하거나 볼록한가? 오목한 필지에서 유출된 빗물을 모으기가 더 쉽다.
필지로부터 100피트 내 구역의 곡률 (합계)	필지 주변에 오목/볼록한 구역이 얼마나 있는가? 지역화된 함몰지에 위치한 필지는 가까운 필지들로부터 유출수를 모을 수 있다.
필지의 경사 (평균)	필지 전체에서 평균을 낸 경사의 가파른 정도. 경사가 심한 필지들은 레크리에이션으로 활용하기 더 어렵다.
필지의 경사 (표준편차)	경사의 다양한 정도. 지하에 매립된 오래된 철거 폐기물로 인한 함몰지나 다시 정지하거나 없애야 할 토양/폐기물 언덕을 드러낼 수 있다.
필지로부터 100피트 내 구역의 경사 (평균)	주변 구역에 걸쳐 평균을 낸 경사도. 언덕은 필지를 바라보는 시야를 막는다. 함몰지에 있는 필지는 주변 필지들로부터 유출수를 모을 수 있다.
필지의 방향 (평균)	필지에서 언덕과 함몰지의 방향은 유출수가 흐르는 방향에 대한 정보를 제공한다.
필지로부터 100피트 내 구역의 방향 (평균)	필지 주변에서 언덕과 함몰지의 향은 유출수가 흐르는 방향에 대한 정보를 제공한다.

들을 걸러내는 지표들의 사용은 그린 인프라에 가장 적합한 필지의 순위 목록을 도출하게 했다. 그런 다음 여러 기준에 따라 필지가 서로 유사한지 식별하는 주성분 분석의 통계학적 방법을 사용하여 필지를 짝지었다. 짝은 그린 인프라로 조성된 필지와 비교를 위해 개발되지 않은 채 남겨진 필지로 나뉘었다.

빗물 관리와 레크리에이션을 고려한 필지 선정 기준 중에서, 우리는 인근 주택의 밀도와 필지의 상대적 평평함이 복합적 레크리에이션과 빗물 관리에 적합한 부지를 선정하는 데 특히 유효하다는 것을 알았다. 인근의 거주 중인 주택은 이웃 사이에 있는 부지를 사용하고 혜택을 받을 수 있는

표 3-4b. 레크리에이션과 빗물 관리를 위한 필지 적합성 평가에 사용된 정성적 기준

정성적 기준(Y/N)	설명
필지 주변 구역의 안전성/안정성에 문제가 없다.	경비견, 약물 행위, 안전 문제 등 가까운 필지의 분명한 문제 때문에 필지를 고려 대상에서 제외되었다. (가중치=1)
필지의 경사가 보도와 심하게 다르지 않다.	어떤 도로에서는 주택들이 도로보다 높은 고도에 위치한 언덕에 지어져 있다. 이러한 필지로부터의 유출수는 도로로 흘러내린다. (가중치=1)
부지에 양질의 나무들이 없다.	가치 있는 나무들은 프로젝트 설계에 포함될 필요가 있다. 좋지 않은 나무들은 제거되어야 한다. (가중치=1)
필지가 길에서부터 경사져 있다.	길에서부터 경사져 있는 필지는 자연스럽게 길의 흐름을 바꿀 수 있다.
매립된 폐기물을 나타낼 수 있는 언덕이나 함몰지가 없다.	부지의 주거 폐기물이나 매립은 조성 이전에 정화를 필요로 한다. (가중치=1)
도로에 굴곡이 없다.	도로에 굴곡이 없는 필지는 자연스럽게 길의 흐름을 수집할 수 있다. (가중치=1)
보도가 온전하고 평평하다.	보도가 없거나 매우 평평하지 않은 필지는 제대로 조성해 지역 사회의 중요한 혜택을 이루어야 하는데 역시 비용이 든다. (가중치=0.1)
차도 진입부가 제거되었다.	과거로부터 이어져 온 차도와 진입부는 필지에 쉽게 주차하게 하므로 부지에 주차하고 쓰레기를 버리게 부추긴다. (가중치=0.1)
소화전이 있다.	소화전은 잠재적 물 공급원이다. (가중치=0.1)
근처에 도로의 배수구가 없다.	도로의 배수구는 유출수를 빗물 관리 장치로부터 통합된 하수 시스템으로 흘려보낸다. (가중치=0.1)
필지가 기존의 옆뜰이 아니다.	많은 도시들이 유휴 공간을 가까운 주택 소유자에게 지속적 관리를 위해 할인 판매한다. 옆 뜰은 공공적 접근이 불가하다. (가중치=0.1)
기존에 비공식적으로 사용된 징후가 있다.	지름길, 놀이 공간, 모임 장소로 이미 쓰이고 있는 필지는 보다 공식적인 프로그램의 요구를 나타낸다. (가중치=0.1)

부지를 파악하는 데 도움이 되었다. 필지가 평평한 정도(경사가 얼마나 적게 달라지는지)는 부지에 빗물을 저장할 가능성을 식별하는 데 도움을 주었다.

이러한 분석으로부터 우리는 더 상세한 검토를 위해 클리블랜드의 지역 사회 협력체들에게 15개의 후보 필지를 추천했다. 게리 시에서는 빈집을 포함하여 필지를 고려할 수 있는 능력을 추가로 갖추었으며 빈집은 긴급 구제기금을 통해 철거할 수 있었다. 시의 철거 프로그램과의 협업에서 얻은 이점은 철거 이후의 땅 고르기와 채우기에 대해 철거 업체와 협의할 능력이 생겼다는 것이다. 이를 통해 넓은 범위의 땅 고르기에 들이는 비용을 줄이고 흙 채우기 작업에서 양질의 배수 능력을 기대할 수 있었다.

프로젝트 팀은 필지들의 최종 필지 세트를 선정하기 위해 공동으로 작업했다. 클리블랜드에서 카운티 데이터베이스의 필지 정보를 활용하여 15개의 후보 필지 풀이 좁혀졌다. 철거의 관행과 이력이 중요한 결정 요인이었다. 우리는 이 정보를 사용하여 오염 문제 해결의 위험을 최소화하고 프로젝트 예산을 적게 유지할 수 있었다. 예를 들어, 오래 전에 철거가 있었던(클리블랜드에서 1996년 이전) 부지들은 피했는데, 당시에는 지하 공간에 철거 폐기물을 묻는 것이 관례였기 때문이다. 우리는 또한 무거운 진흙을 채우는 것이 일반적이었던 시기에 철거가 있었던 부지들도 피했는데, 깊은 토양층으로 물을 침투시키기가 더 어렵기 때문이다. 게리 시에서 긴급구제 프로그램은 우리의 선정 과정을 따라 동시에 움직였다. 철거 후 2개의 부지와 1개의 시 소유 유휴지가 총 3개의 시험 부지로 선정되었다. 남아 있는 미처리 부지들은 가용성과 유사성에 근거하여 모니터링을 통한 비교군으로 선정되었다.

필지 적합성 요약

우리는 프로젝트의 성공 가능성을 높이고 위험 요인을 최소화하는 기준에 근거하여, '공터에 활기를' 프로젝트 부지를 위한 하향식 필지 선정 자동화 과정의 시험을 위해 다양한 데이터를 결합하였다. 이 과정으로부터 얻은 교훈은 다양한 유휴지 재사용과 도시 녹화 프로젝트에서 부지를 평가하는 데 적용할 수 있다. 다른 종류의 토지 이용으로의 이동성을 고려해 공공 데이터를 크게 활용하였고, 원격으로 감지된 데이터를 사용하여 많은 수의 후보 필지를 빠르게 줄여나가는 능력을 시험했다. 이러한 방식으로, 우리는 유출된 빗물을 모으기가 더 어렵거나 레크리에이션 편의시설이 지역 사회에 덜 유용할 수 있는 수백의 필지들을 지워나갔다. 그 결과로 만들어진 비교적 적은 수의 후보 필지들은 현장 방문이나 지역 사회 인터뷰와 같이 많은 시간이 필요한 방법을 동원하여 조사할 수 있었다.

우리가 선정한 필지 적합성 기준은 모든 도시 녹화 프로젝트를 위한 완벽한 목록을 만들어내지는 못하지만, 유출된 빗물을 모으는 데 필요한 용이성이나 잠재적으로 문제가 있는 지점들을 파악할 수 있는, 사용 가능한 정보 유형 중 하나의 사례이다. 프로젝트의 대표는 각 프로젝트 고유의 목표와 사용 가능한 정보에 근거하여 필지 적합성 기준을 결정할 수 있다. '공터에 활기를' 프로젝트 팀은 현지의 데이터 분석가와 관리자가 지원한 자발적 전문성에 큰 혜택을 입었다. 많은 도시에서 의사 결정자와 도시 녹화 실무자들이 이러한 프로세스를 보다 쉽게 이용할 수 있도록 하는 공간 분석 도구가 필요하다.

설계

우리의 설계팀—임플리먼트IMPLEMENT의 파트너이자 오하이오 주립대학교 놀튼 스쿨Knowlton School의 조경학 전공 부교수인 제이슨 켄트너Jason Kentner와 버팔로 대학교의 조경·도시설계 전공 조교수인 션 버크홀더Sean Burkholder—은 장기적으로 지속 가능하고 지역 사회가 감당할 수 있는 자산으로 유휴 부지를 다시 구상하는 설계 과정을 수행해냈다. 두 설계가는 빗물의 체류를 주민들이 희망하는 공간 속에 편입시키고자 했다. 설문 조사, 토론, 지역 사회 회의를 통한 주민들의 피드백은 빗물 관리 그린 인프라 주위를 중심으로 구축된 레크리에이션 활용법을 만들어냈다(〈그림 3-2〉에서 〈그림 3-10〉까지). 각각의 부지는 빗물 관리를 위해 표준화된 요소의 범위 내에서 주민들의 요구를 해결하도록 맞춤화되었다.

　가능한 한 우리는 예전에 주거지로 이용될 때부터 남아있던 식물과 나무, 화단을 보존하고, 새로운 부지 설계에 포함하였다. 여전히 남아있는 질문 하나는 사회적·환경적 기능의 절충 없이 작은 공간 내에서 이질적 토지 이용들을 병합하는 게 가능하냐는 것이다. 필지의 면적은 3,200에서 9,300평방 피트까지 다양했다. 설계가들은 빗물 관리와 레크리에이션 토지 이용 사이의 잠재적 충돌을 최소화하고자 했으나, 여전히 '공터에 활기를'의 접근 방식에 중요한 질문으로 남아있다.

레크리에이션

설계 과정을 통해서 주민들과 지역 사회의 지도자들은 정적인 것에서 동적인 것으로 이어지는 활용에 따라 기대하는 부지의 레크리에이션 기능을 고민해 달라고 요청받았다. 정적 공간은 휴식을 취하거나 이웃들과 만나는 단순한 장소를 제공하며 걷기, 앉기, 새를 바라보는 것과 같은 활동을 포함한다. 정적 공간이 기대되는 곳에 주민들은 지역 사회에 아름다움을 더하는 평화롭고 조용한 공간을 원했다. 동적 공간은 스포츠와 놀이를 위해 활용된다. 동적 공간이 기대되는 곳에 주민들은 어린아이들이 놀 만한 장소를 희망했다. 정적이고 동적인 활용 사이에는 소풍과 잔디에서의 게임과 같은 활동들이 있었다. 레크리에이션 및 환경적인 요소들은 주거 필지들의 영향력 안에 결합되어 있어서 빗물 정원이나 생태 수로, 벤치, 야외 테이블, 그네, 어떤 사례에서는 핸드볼장이 혼합되어 있었다.

　설계의 접근 방식이 주민들과 이해관계자들의 피드백에 반응하는 것이었기 때문에, 이는 부지와 도시에 따라 달라졌다. 버팔로에서는 미리 정해져 있던 세 가지 속성이 지역 사회에서의 역할과 활용을 만들어 냈다. 한 곳은 기존의 도시공원과 연결을 제공하였으며, 나머지는 동네 사람들이 모이는 눈에 띄는 모퉁이들을 차지하고 있었다. 클리블랜드에서 우리는 프로젝트 부지가 위치한 3개의 거리를 감독하는 주민 주도의 블록 조직과

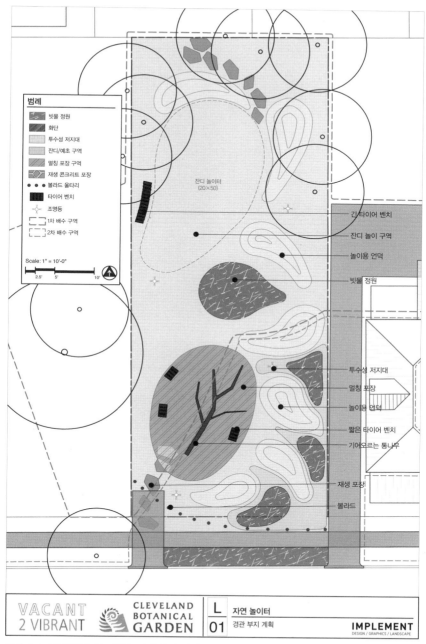

범례

- 빗물 정원
- 화단
- 투수성 저지대
- 잔디/예초 구역
- 멀칭 포장 구역
- 재생 콘크리트 포장
- • • 볼라드 울타리
- 타이어 벤치
- 조명등
- 1차 배수 구역
- 2차 배수 구역

Scale: 1" = 10'-0"

2.5'   5'   10'

잔디 놀이터
(20×50)

긴 타이어 벤치

잔디 놀이 구역

놀이용 언덕

빗물 정원

투수성 저지대

멀칭 포장

놀이용 언덕

짧은 타이어 벤치

기어오르는 통나무

재생 포장

볼라드

VACANT 2 VIBRANT

CLEVELAND BOTANICAL GARDEN

L 01 자연 놀이터
경관 부지 계획

IMPLEMENT
DESIGN / GRAPHICS / LANDSCAPE

그림 3-2. 클리블랜드의 자연 놀이터 부지 설계안. ⓒ제이슨 켄트너와 션 버크홀더

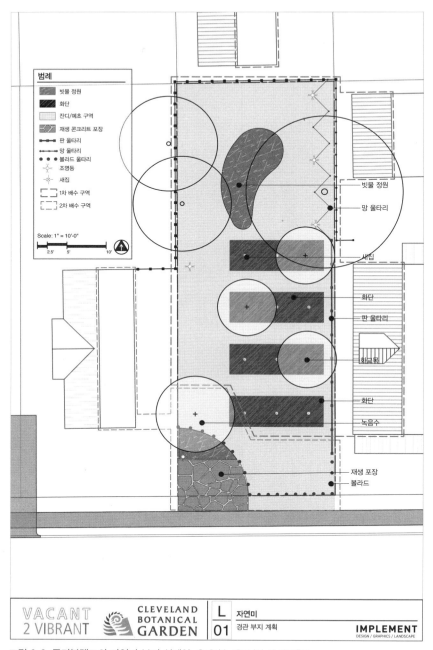

범례

- 빗물 정원
- 화단
- 잔디/예초 구역
- 재생 콘크리트 포장
- 판 울타리
- 망 울타리
- 볼라드 울타리
- 조명등
- 새집
- 1차 배수 구역
- 2차 배수 구역

Scale: 1" = 10'-0"

2.5'   5'   10'

빗물 정원
망 울타리
새집
화단
판 울타리
화교원
화단
녹음수
재생 포장
볼라드

VACANT 2 VIBRANT

CLEVELAND BOTANICAL GARDEN

L 01 자연미
경관 부지 계획

IMPLEMENT
DESIGN / GRAPHICS / LANDSCAPE

그림 3-3. 클리블랜드의 자연미 부지 설계안. ©제이슨 켄트너와 션 버크홀더

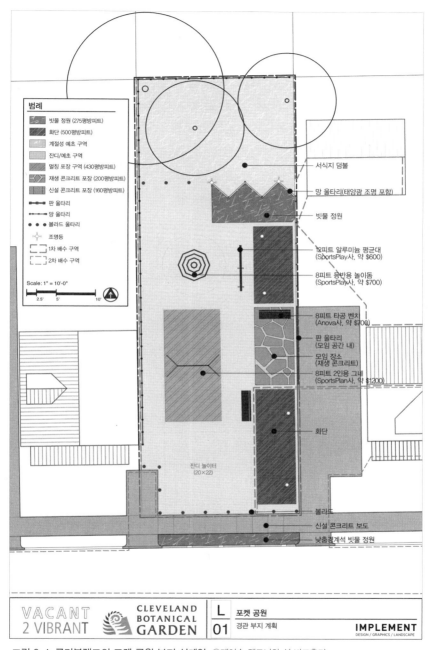

범례

- 빗물 정원 (275평방피트)
- 화단 (500평방피트)
- 계절성 예초 구역
- 잔디/예초 구역
- 멀칭 포장 구역 (430평방피트)
- 재생 콘크리트 포장 (200평방피트)
- 신설 콘크리트 포장 (160평방피트)
- ▬●▬ 판 울타리
- ▬▶▬ 망 울타리
- ● ● ● 볼라드 울타리
- ✳ 조명등
- ⌐ ¬ 1차 배수 구역
- ⌐ ¬ 2차 배수 구역

Scale: 1" = 10'-0"

2.5'   5'   10'

서식지 덤불

망 울타리(태양광 조명 포함)

빗물 정원

12피트 알루미늄 평균대
(SportsPlay사, 약 $600)

8피트 등반용 놀이돔
(SportsPlay사, 약 $700)

8피트 타공 벤치
(Anova사, 약 $700)

판 울타리
(모임 공간 내)

모임 장소
(재생 콘크리트)

8피트 2인용 그네
(SportsPlan사, 약 $1200)

화단

볼라드

신설 콘크리트 보도

낮춤경계석 빗물 정원

잔디 놀이터
(20×22)

VACANT 2 VIBRANT

CLEVELAND BOTANICAL GARDEN

L 01

포켓 공원
경관 부지 계획

IMPLEMENT
DESIGN / GRAPHICS / LANDSCAPE

그림 3-4. 클리블랜드의 포켓 공원 부지 설계안. ©제이슨 켄트너와 션 버크홀더

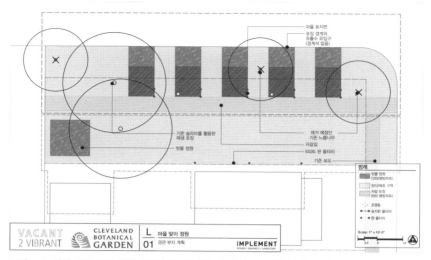

그림 3-5. 게리 시의 마을 맞이 정원 부지 설계안. ⓒ제이슨 켄트너와 션 버크홀더

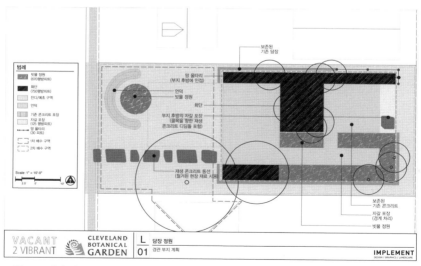

그림 3-6. 게리 시의 담장 정원 부지 설계안. ⓒ제이슨 켄트너와 션 버크홀더

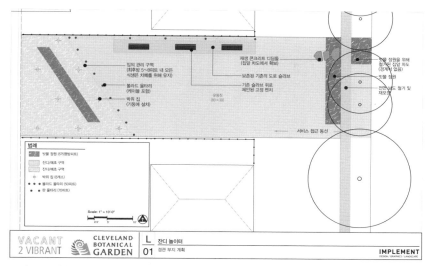

그림 3-7. 게리 시의 잔디 놀이터 부지 설계안. ©제이슨 켄트너와 션 버크홀더

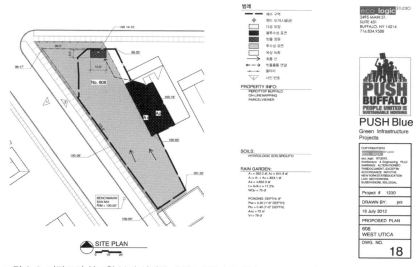

그림 3-8. 버팔로의 양묘원 부지 설계안. ©에코_로직 스튜디오(edo_logic studio)

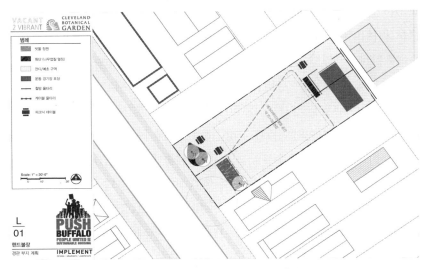

그림 3-9. 버팔로의 핸드볼장 부지 설계안. ©제이슨 켄트너와 션 버크홀더

함께 별도의 계획 과정을 이끌었다. 게리 시에서 주민들은 프로젝트가 지역 사회의 자부심을 반영하기를 원했지만, 그 부지들이 시 정부와 주민들에게 부여하는 유지 관리 부담에 대해서는 실리적 태도를 보였다.

빗물 관리

'공터에 활기를' 부지에서 빗물 관리는 꽃 피는 나무와 풀, 관목이 심어진 빗물 정원으로 구성되었다. 정원의 수와 위치는 마을의 미감과 현지의 조건에 따라 다양했다. 최소한 부지들은 그곳으로 모이는 유출수를 흡수함으로써 합류식 하수 시스템에 전혀 가세하지 않도록 해야 했다. 추가적인 빗물 유출을 완화할 가능성이 있는 몇몇 곳에서, 설계가들은 인근의 필지나 사유지 내 공공 통행로에서 유출수를 모으는 방법을 제안했다.

　대부분의 빗물 관리 모범 사례와 마찬가지로 빗물 정원의 능력은 토양층에 내재한 것으로 추정되었다. 뉴욕 주의 빗물 관리 설계 가이드라인을

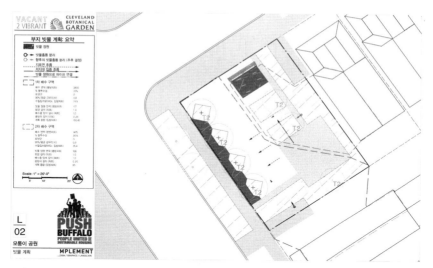

그림 3-10. 버팔로의 모퉁이 공원 부지 설계안. ⓒ제이슨 켄트너와 션 버크홀더

사용하여 우리는 필지 경계선과 인근의 불투수성 표면에 근거하여 현지의 배수 면적을 계산하였으며 그 구역 내에서 1인치의 강수(비 또는 눈 녹음)가 발생시킬 유출량을 추정하였다. 빗물 정원의 크기는 1인치 강수에 필요한 면적의 약 2배로 조정되었다. 그렇더라도 빗물 정원은 미적으로나 레크리에이션에 대한 간섭의 측면에서 많은 양의 표면적을 차지하지 않았다. 보다 어려운 도전은 동적으로 활용될 부지에 있었는데, 빗물 관리 요소들을 물리적으로 떨어뜨려 놓아 작은 공간 안에서 빗물 정원의 기능이 놀이로 인해 손상되지 않도록 하는 것이었다. 이런 경우에는 두 가지 기능이 서로 근접해 있는 부지 안에 장식적인 울타리와 관목들을 배치하여 활동적인 놀이가 빗물 정원을 침해하지 않도록 하였다.

식물

많은 부지는 빗물 기능이 크게 작동하지 않는 관상 위주의 화단을 갖추고 있었다. 장식용 화단과 빗물 정원의 경우, 설계자들은 제한된 유지 관리 능력을 고려하여 도시 환경에 적합한 식물들을 선정하였다〈〈표 3-5〉 참조〉.*
선정한 식물 대부분은 토착종이었으나 우리는 지역 환경에 유리한 성질을 가진 귀화 식물을 소수 포함하였다. 햇빛, 기후, 토착화된 토양의 상태에 맞추는 것에 더하여 도시 유휴지에 대한 다음의 식물 속성을 고려하였다.

- 낮은 영양 공급 요구: 식물이 척박한 도시의 토양에서 비료 없이 생존할 수 있을 것
- 내건성: 덥고 건조한 시기에 수분 보충 없이 생존할 수 있을 것
- 무독성: 아이들이나 반려 동물이 만지거나 먹음으로써 해를 입지 않을 것. 열매가 맺히는 식물일 경우에는 특히 중요
- 초식 동물로부터의 내구성: 토끼와 마멋, 사슴의 섭취로부터 생존할 수 있을 것
- 내염성: 도로 경계석이 없거나 도로로부터 물이 튀는 것에 의한 유출수에 당할 수 있는 지역에서 필요
- 야생 동물 유인 요소: 유익한 벌레나 새와 같은 야생 동물을 위한 먹거리나 서식처를 제공할 것
- 비-침입성: 척박한 환경에 적응하는 많은 식물들이 충분한 통제 없이 곧장 골칫거리가 될 수 있으므로, 유지 관리의 수요를 최소화할 수 있을 것
- 시각적 흥미: 꽃이나 나뭇잎을 통해 연중 내내 시각적으로 흥미를 주는 식물 '팔레트'에 기여할 것
- 낯섦: 더 쉽게 알아볼 만한 식물은 더 높은 조경적 가치를 지님. 주민이나

＊ 역자 주: 한국어 명칭은 원서에 제시된 일반명(common name)을 참조하되, 국립수목원에서 발간한 『국가표준식물목록(개정판)』(2017)과 『국가표준재배식물목록(개정)』(2016) 학명에 따른 국명/한글추천명을 준용하였다. 다만 이상의 문헌에서 제시된 한국어 명칭이 지나치게 구체적일 경우, 보다 널리 알려진 명칭으로 이해를 돕기 위해 속명을 제시하였다. 한국어 명칭에 괄호와 함께 부기된 '다경'이란 'multi-stem'의 번역어로서 한 뿌리에 줄기가 여러 개 있는 것을 뜻한다.

정원사들이 다른 장소에서 쓰려고 파헤칠 수 있기 때문에 절도의 가능성을 줄인다는 차원에서 낯설 것

- 적절히 이목을 끌 것: 절도나 민원, 제거의 목표물이 되지 않으면서도 아름다움을 더할 것

낮은 경계석이나 빗물 홈통 분리를 통해 추가 유출을 받은 빗물 정원의 경우, 혹은 자주 물이 고이는 문제 구역에서 우리는 열린 잎을 지닌 다경 관

표 3-5. '공터에 활기를' 프로젝트에서 일반적으로 쓰인 식물

유형	한글명	학명
초본(grass)	수크령	*Pennisetum alopecuroides* 'Hameln'
	큰개기장	*Panicum virgatum* 'Heavy Metal'
광엽 초본(forb)	루드베키아	*Rudbeckia fulgida*
	원추리	*Hemerocallis* 'Stella de Oro'
	맥문동	*Liriope muscari* 'Big Blue'
	버지니아 스윗스파이어	*Itea virginica*
	서양톱풀	*Achillea millefolium*
관목(shrub)	붉나무	*Rhus aromatica* 'Gro-Low'
	펜실베이니아소귀나무	*Myrica pensylvanica*
	글라브라꽝꽝나무	*Ilex glabra* 'Compacta'
	무궁화	*Hibiscus syriacus*
	버지니아풍년화	*Hamamelis virginiana*
	솜털채진목(다경)	*Amelanchier arborea*
교목(tree)	뽀뽀나무(다경)	*Asimina triloba*
	캐나다박태기나무(다경)	*Cercis canadensis*
	노랑말채나무(붉은 수피)	*Cornus stolonifera*
	노랑말채나무(노란 수피)	*Cornus sericea* 'Flaviramea'
	미국주엽나무	*Gleditsia triacanthos*
	백합나무	*Liriodendron tulipifera*

목이 필지를 관통하는 시선을 방해하지 않으면서 추가적인 물을 흡수한다
는 것을 발견했다.

이러한 기준을 모두 충족시키는 식물 종을 선정하는 것이 언제나 가능
하지는 않지만 우리는 위치, 이용 대상, 각 프로젝트를 위한 부지의 구체
적 고려사항을 고려하여 식물의 일부 속성에 우선순위를 매겼다. 예를 들
어 어린 아이를 위한 놀이 기구가 있는 포켓 공원에는 독성이 없는 식물을
우선하였으며, 반면에 자연적인 구역에는 초식 동물 내구성과 야생 동물
유인 요소를 우선하였다.

특이한 점은 '공터에 활기를' 프로젝트에서 식물을 선정할 때 교목을 많
이 포함하지 않았다는 것이다. 프로젝트를 계획할 때 시선과 안전에 대한
주민들의 우려와 벌초, 전정과 같은 유지 관리에 대한 업체의 우려를 감안
하여 교목들이 관목이나 더 키가 작은 식생을 대체하지 않도록 하였다. 도
시의 나무 그늘이 주민과 환경에 주는 혜택에 대한 관심이 급증하는 현재,
'공터에 활기를' 프로젝트 팀은 미래의 프로젝트에서 설계 요소로 교목을
더 적극적으로 고려할 것을 권장한다.

하드스케이프

하드스케이프hardscape의 요소로는 재정비된 석단, 부서진 돌이 깔린 소로,
벤치, 피크닉용 테이블, 울타리, 새집, 태양광 조명이 포함됐다. 프로젝트
부지에 널려 있는 미적 요소는 다양했으나, 표지판을 제외하면 부지들을
시각적으로 이어주는 일반적인 미적 요소는 많지 않았다. 이러한 점은 지
역 사회의 바람, 현지에서 구할 수 있는 재료, 유지 관리 수요, 비용의 균
형을 맞추며 다양한 유형과 양식의 재료를 시험할 수 있도록 했다. 게리
시의 한 부지에서 철거 업체와 일할 때 우리는 장식적인 콘크리트 블록 벽
과 정원의 파티오를 보존할 수 있었는데, 이는 지역 사회의 피크닉 장소로
쉽게 탈바꿈 되었다. 게리 시의 다른 부지에서는 온전하게 남은 차량 진
입로 부분이 피크닉용 테이블을 놓을 장소로 남겨졌다. 클리블랜드에서는

(상당한 양의 허물어진 울타리를 없앴음에도 불구하고) 필지 주변으로 온전한 울타리를 활용할 수 있었다. 앞으로 새로운 도시 녹화 프로젝트를 추진할 때는 주민과 프로젝트 관리자가 프로젝트 전반을 아우르는 표준적인 요소와 편의시설을 만들어내겠지만, 우리는 시범 프로젝트를 선보이는 입장이었기에 다양한 재료를 테스트하는 유연성을 즐기고자 했다.

주민 참여

일단 '공터에 활기를' 팀이 지역 사회에서 잠재적 프로젝트 대상지를 한두 곳의 흥미로운 블록 그룹으로 좁혔지만, 특정한 필지를 선정하기 전에, 우리는 각각의 부지를 위한 맞춤형 설계를 발전시키는 계획 과정에 지역 사회의 구성원을 끌어들이기 시작했다. 각 장소의 활용법이나 미적인 것을 파악할 수 있는 프로그램적 요소에 대한 주민들의 생각을 모았고, 설계 팀은 그러한 생각들을 빗물 관리 수요와 통합하기 시작했다.

주민 참여의 초점은 주민들에게 프로젝트의 목적, 조성 일정, 빗물 관리의 필요성과 방법에 관한 정보를 제공하는 것과 주민들로부터 프로젝트의 성공에 영향을 줄 수 있는 지역 사회에서의 실질적이고 잠재적인 문제를 배우는 것이었다. 주민들과의 대화는 유지 관리에 대해 토론하고 지역 사회의 지도자들과 관계를 만들며, 지역 사회의 이슈를 논의하는 다양한 포럼을 만들 수 있는 새로운 기회를 창출해 냈다. 클리블랜드의 프로젝트 부지 중 한 곳에서는 우리의 조직화가 프로젝트 전까지 한동안 만나지 않던 블록 조직을 다시 활성화하는 촉매 역할을 했다.

주민 참여는 프로젝트 팀에 필요한 파트너를 채용하는 기회이기도 했다. 우리는 현지의 하수국, 지역 사회 조직, 시 공무원과 함께 공공 회의를 열고, 허가를 받고, 지역 기관들과 협력하고, 지속적인 부지의 유지 관리를 위한 계획을 세웠다.

우리는 부지 설계에 관한 의사 결정을 위해 다양한 주민 참여 전략을 사용했다. 프로젝트의 대표가 주재한 지역 사회 모임은 주민들을 참여시키는 보편적 방법이지만, 지역 사회의 소식지에 홍보물을 싣고 집집마다 돌렸음에도 불구하고 이러한 방식을 통해서는 관심을 끌기 어려웠다. 더불어 이러한 모임에는 다른 지역 사회의 프로젝트에 참여했던 도시 녹화 전문가가 많이 참석한 탓에 주최측 대비 주민의 비율이 낮아졌다(한 지역 사회 모임에는 단 네 명의 주민과 열 명의 도시 녹화 전문가가 참석했다). 이러한 역학 관계 때문에 우리는 다른 채널을 통해 받은 것보다 많은 피드백, 특히 솔직한 피드백을 받지 못했다.

다른 프로젝트와의 협업은 공공 모임의 참여율을 높였다. 참여자가 많으면 주제에 집중하기 어렵다는 단점도 있기는 했다. 가장 성공적인 지역 사회 모임은 지역 사회의 주민들과 강한 공감대를 형성하고 있는 지역 사회의 지도자에 의해 조직되었으며, 창립된 커뮤니티 참여 아울렛(예: 월례 스탠딩 회의)에서 개최됐으며, 그곳에서 우리는 초대 손님들을 맞이했다. 주민들과 함께 직접 모임의 형식을 짜고, 연사를 고르고, 심지어 주민들의 관심을 끄는 다과의 유형을 고르는 등 세부 사항을 결정하게 하는 것도 효과적이었다.

주민과의 효과적 대화

지역 사회의 피드백은 일대일 대화나 주민들에게 신뢰받는 지역 담당자를 통해 보다 효과적으로 얻어졌다. 계획 단계 동안의 방문 조사에서 우리는 어떤 공원이 현재 주민들에게 이용되는지, 집에서 가까운 녹지 공간에서 어떤 유형의 레크리에이션 활동을 원하는지, 지역 사회에서 도시 녹화 프로젝트를 진행하는 기획자들에게 어떤 피드백을 주었는지에 대한 짧은 설문지를 가지고 현장에서 5분 거리에 있는 집들을 일일이 찾아 다녔다.

설계가 완료될 즈음 우리는 설계안의 최종 수정에 반영할 의견을 받으러 집들을 다시 방문했다. 올버니 2030(뉴욕 주 올버니 시의 최신 도시계획)에 제시된 주민의 방문 조사에 관한 조언에 따라, 우리는 한 장의 종이를 양면으로 인쇄하고 반을 접어 작성하도록 한 형식의 설문 조사지를 만들었다. 우리는 편안한 옷을 입고 클립보드를 사용하지 않음으로써 법률 집행인이나 수금원 혹은 주민들이 피하고 싶어 하는 다른 종류의 방문자로 오해받을 가능성을 줄이고자 하였다.

직원 수의 한계 때문에 실행하지는 못했지만 피드백의 질이나 참여율, 조사자의 안전성을 높일 만한 올버니 2030의 다른 조언에는 조사자를 집으로 둘씩 보내고, 주민들이 조사를 돕도록 참여시키며, 주민들이 쓴 시간을 보상받도록 하는 것이 있었다. 특히 주민들의 시간에 대한 정당한 보상은 경제적 약자와 반감을 가진 집단이 참여하는 연구에서 중요한 윤리적 문제이다.

문을 두드렸을 때 주민들이 설문 조사를 마칠 수 없는 상황이라면 온라인 설문 조사에 접근하는 방법을 알려주거나 재방문 또는 전화를 통해 이야기 나눌 수 있도록 주민들과 약속을 잡았다. 온라인 설문 조사는 전자 뉴스레터, 소셜 미디어, 지역 사회 협력체의 웹사이트를 통해서도 공유되었다. 온라인 설문 조사의 응답률은 우리의 지역 사회에서는 매우 낮았으며, 이는 집에서 인터넷에 접속할 가능성이 더 낮은 고령층이나 저소득층 주민에게서 낮은 반응률이 나타나는 연구 결과와 일치하였다.

지역 담당자와의 협업

솔직한 피드백을 얻어내는 또 하나의 성공적인 방법은 현지 교회의 지역에서 공적이 있는 지역 사회 조직이든, 이웃으로부터 정보를 선별해 올 수 있는 지역 사회 내 주민이든, 신뢰받는 지역 담당자를 통해 주민들과 이야기하는 것이었다. 이러한 여러 방법들이 조합되었을 때 효과적으로 작동하였다.

지역 사회에 대해 긴밀하게 알 수 없는 실행 팀에게는 양쪽의 시각을 모두 가지고 과정을 지켜볼 수 있는 지역 담당자가 필요하다. 지역 담당자는 서로 신뢰하는 관계를 만들고 유지하는 데에 필요한 시간과 노력을 줄이도록 도울 수 있다. 관계를 만드는 것은 양쪽 모두에게 시간과 에너지를 투자하게 하며 어떤 사람이 프로젝트를 떠나거나 프로젝트 중에 다른 지역으로 이사를 가버릴 가능성에 대비하기 위해 중복이 필요하다. 게다가 이러한 투자는 분명히 오랜 기간 지속되므로 제도적인 우선순위를 정해야 한다. 지역 담당자은 이러한 장벽을 엄청나게 낮춰줄 수 있다.

특히 지역 담당자는 주민들이 프로젝트 팀 구성원과 직접적인 대화로 전하기를 주저하는 부정적 피드백을 전달해준다는 점에서 특히 중요하다. 이러한 방식으로 우리는 소음, 인접 재산에 대한 피해, 프로젝트의 외관, 안전에 대한 민원을 알 수 있었다. 그런 다음 지역 담당자와 협력하여 가능한 경우, 우리는 각각의 민원에 대해 서로 만족할 만한 해결책을 확인하고 일정을 알리고 지역 사회로 진행 상황을 다시 전달했다.

지역 담당자는 해결책을 내기에 복잡한 문제가 있을 때 더 중요해졌다. 한 예로 지역 사회 지도자 중 한 명과 직접적인 소통이 끊어졌는데, 여러 지역 담당자를 통해서 주민들과 소통을 유지할 수 있는 추가적인 접점들을 만들어낼 수 있었다. 한 가지 단점은 부정적 경험이 지역 담당자에게 압력을 가한다는 것이다. 클리블랜드의 한 부지에서 (앞으로 4장에서 더 상세히 다룸) 자연 놀이터 프로젝트에 대한 주민들의 불만이 길어지는 동안, 프로젝트에 지속적으로 참여하던 지역 담당자와 주민들의 관계에 무리가 가해졌고, 주민들이 프로젝트에 화가 난 나머지 지역 담당자에 대한 주민들의 신뢰가 약해졌다. 이처럼 부정적인 결과는 같은 지역 담당자를 통해 진행되던 다른 지역 사회의 프로젝트에 반향을 일으킬 수 있으며 지역 담당자의 다른 일에 영향을 미칠 수 있다. 지역 담당자의 신뢰와 참여를 보호하고 유지하는 데 가치를 두어야 한다.

입소문의 신중한 활용

주민들 사이의 입소문은 이웃이 서로를 참여하게 하는 부가적인 방식이었다. 이웃들 사이의 이러한 참여는 정보 공유에 도움을 줄 수 있으나, 한편으로는 전화상으로 중요한 세부 사항이 누락될 위험도 있다. 지역 사회에서 신뢰받는 이웃들은 정보를 정확하고 실질적으로 공유하는 데 상당히 효과적이었다. 인쇄물, 이메일, 온라인 자료에는 프로젝트 팀의 연락처가 적혀 있어 프로세스 전반에 걸쳐 주민들과 직접 접촉할 수 있었다. 약 20명의 주민들이 이러한 방식으로 우리에게 연락해 왔다. 전단지, 연락처가 적힌 명함, 기타 수단, 그리고 직접적 참여를 위한 반복적인 시도들은 이웃 간에 직접 이루어졌던 소통의 정확성을 높이고, 주민과 프로젝트 협력체들 사이에 직접적인 소통을 장려했다.

지역 정치 다루기

클리블랜드에서 공식적 주민 참여 회의가 끝난 후, 그러나 아직 부지가 조성되기 이전 시점에, 프로젝트 팀은 단위 조직이 부족했기 때문에 우리가 거의 의견을 받지 못했던 거리에서 소집된 공동체 회의에 바람을 맞았다. 모임의 목적은 곧 진행될 우리의 프로젝트에 대해 논의하는 것이었는데, 주민들은 우리가 작업했던 프로젝트의 위치나 유형을 바꿀 수 있을지에 대한 기대를 가지고 있었다. 대부분의 주민들은 우리의 공식 회의에 불참했다. 그들은 문에 붙인 전단지에 응답하지도 않았거나, 참석할 수가 없었다. 모임에 대해 알고 있었으나 참석하지 않은 사람들은 프로젝트가 실제로 발생했던 초기 단계에서 실제로 일어날 것이라는 것에 회의적이었거나, 의견을 제공하는 데 관심을 갖지 않았거나, 의견을 제공하길 원했지만 그렇게 하지 않았다. 그럼에도 불구하고, 여름에 그들만의 거리에 있는 이웃집 뒤뜰에서 열린 모임은 겨울에 현지 도서관에서 열린 계획 토론보다 더 인기가 있었다. 그 모임에는 매우 많은 사람들이 참석했다.

비록 프로젝트 팀이 초대받은 것은 아니지만, 모임에 대해 듣고서 참석하여 정보를 제공하고 질문에 답해도 괜찮을지 문의했다. 모임을 연 비공식적 블록 조직의 대표는 고맙게도 동의하였다. 그녀는 저녁식사를 계획했는데, 우리가 모임 예산에서 비용을 부담할 수 있다고 하자 기뻐했다. 궁극적으로 이 사건은 이처럼 특징적인 지역 사회에서 보다 효과적인 모임의 방식에 관한 좋은 모델이 되었다. 주민들이 직접 함께 일함으로써 더 많은 사람이 참석하고, 목표 대상인 참석자들에게 더 친근하며, 주민들의 취향에 더 적합한 음식과 마실 거리를 곁들인 모임을 만들어냈다.

모임은 잘못된 정보를 바로잡기에 유용한 방법이었다. 그 자리에 참석한 30여 명의 사람들로부터 우리는 프로젝트에 관해 소문으로 퍼진 오해를 알 수 있었다. 우리는 설계가 보편적으로 어떻게 이루어져 왔는지 정보를 제공하고, 그 거리에 입지할 프로젝트 계획에 대한 보다 세부적인 사항에 대해 논의할 수 있었다. 참석한 사람들 대다수의 의견은 어린 아이들을 위한 놀이 기구가 두드러져야 한다는 것이었다. 우리가 다른 프로젝트 협력체로부터 받았던 그네 기구에 대해 주의사항을 설명했음에도 불구하고, 주민들은 놀이 기구가 그 거리에 가장 적합할 것이라고 느끼고 있었다.

모임은 프로젝트 팀이 지역 사회의 역학 관계에 대해 배우는 순간이기도 했다. 모임이 끝났을 때, 지역 사회 안에 주택 소유자와 세입자 사이의 분리가 있다는 것을 눈치챘다. 소수의 주택 소유자들은 비교적 나이가 많고 아이가 없는 가정에 속했으며 우리에게 다가와 말하기를, 모임에서 다수에 의해 이루어진 집단적 결정에 대해 "걱정하지 말라"고 했다. 그들은 다수 의견에 신경 쓰지 않고 그들의 선호가 실행되기를 원했다. 그들은 부지가 보기 좋게 꾸며지되, 주로 지역 사회에서 보다 일시적이며 임대를 통해 거주하는 가족들의 자녀에게 매력적인 놀이 기구를 포함하지 않는 것을 선호했다. 다수의 결정을 이행하도록 프로젝트를 진행하기는 했지만 그 모임은 프로젝트 팀에게 다양한 관점에 관하여 유익한 맥락을 제공해 주었다. 그 모임은 예전에 중단되었던 블록 조직을 다시 활성화시켰다.

주민의 우려

주민 참여 과정이 지역 사회를 대상으로 일반적 정보를 발표하는 것에서부터 설문 조사와 지역 사회 모임을 통한 구체적 피드백으로 나아감에 따라, 우리는 빗물 관리의 목적과 양립할 수 있는 레크리에이션 요소에 대해 합의를 이루어 나갔다. 설계는 시간과 세 도시에 걸쳐 반복되는 주민들의 수많은 우려를 반영하도록 조정되었다.

안전

지역 사회가 가졌던 초기의 우려는 안전 문제에 집중되어 있었다. 그러한 우려는 부지의 전반적 설계와 프로젝트의 개별 요소에 관한 선택 모두에 영향을 미쳤다. 이러한 우려는 게리 시와 클리블랜드의 지역 사회에서 가장 분명하게 나타났다. 그곳의 주민들은 유휴지의 재사용에 관한 경험이 적었으며 부지가 지역 사회 안팎에서 원하지 않는 방문자를 끌어들일까봐 우려했다. 주민들은 10대와 청소년들이 도박, 음주, 약물 사용, 배회, 폭력에 적합하다고 느낄 만한 부지의 매력을 제거하는 데 특별한 관심을 보였다.

각 부지 설계의 모든 요소는 안전의 시각을 통해 평가되었다. 초목이 범죄나 설치류, 해충의 은신처가 될 것인가? 빗물 정원에 모기가 모일 물이 고일 우려가 있는가? 아이들이 다칠 수 있는가? 해진 뒤에 적절한 조명이 있을 것인가? 필지 둘레를 따라 울타리가 있어서 원하지 않는 행위에 연루된 사람들이 쉽게 빠져나갈 수 없지는 않을까? 매끄럽고 단단한 표면은 도박 행위를 방지하기 위해 없어져야 했다. 현장 전체에 걸쳐 가시선을 보전하기 위해 우리는 모든 곳에서 3피트 이상의 수목은 식재하지 않았다. 클리블랜드에서 주민들은 배회를 유발하지 않도록 부지 중 한 곳의 설계 안에 포함되었던 한 벤치를 없애자고 요청했다. 프로젝트들의 모든 설계 요소는 그것이 지역 사회에서 실질적 혹은 인지적 안전에 어떻게 영향을 미칠지에 초점을 두고 먼저 평가되었다.

기물 파손

주민들은 공공 기물 파손vandalism에 대한 우려뿐만 아니라 사람들이 부지 내 시설을 철거하거나 파괴하고 훼손할 것이라는 우려와 현장에서 재료를 사용하여 이웃의 재산을 손상시킬 것이라는 우려까지 포함되었다. 세 도시의 주민들과 지역 사회 협력체들은 장비를 볼트로 단단히 고정하거나, 페인트에 저항성이 있는 코팅을 추가하거나, 재판매할 가치가 없고 쉽게 부서질 수 없으며 내구성이 좋은 재료를 사용함으로써 기물 파손으로부터 안전한 시설을 만들도록 요청했다. 버팔로에서 쉽게 던질 수 있을 만한 크기의 돌멩이가 포함된 설계 요소들은 과거의 좋지 않은 경험으로 인해 지역 사회 협력체로부터 거절당했다(훗날 논의를 거쳐서 클리블랜드에 이 규칙에서 벗어난 한 가지 사례를 만들었다).

금속, 목재, 식물 및 기타 재판매 가치가 있는 재료를 긁어내서 가져가는 것은 많은 도시 커뮤니티에서 흔한 일이다. 가능한 범위 내에서 우리는 이러한 목적으로 제거될 가능성이 낮은 재료를 사용했다. 모니터링 시설에서 구리로 만들어진 부재는 콘크리트 속에 묻었고 노출된 부분은 녹색으로 칠했다. 울타리, 조명등, 벤치, 그 밖의 금속 부품을 위해서는 알루미늄 대신 철을 사용했다. 우리는 나무와 식물 역시 훔칠 만한 가치가 있는지 고려했으며, 일반적인 대중이 알아보지 못할 만한 종을 선택했다. 진달래, 철쭉, 장미, 화교목 등을 제외하면 장식용 풀과 일반적으로 덜 알려진 식물을 선택하였다(도둑맞을 걱정이 덜하다는 점은 도시 지역에 있는 토착 식물의 드문 장점 중 하나이다).

범죄

주민들은 겉으로 보기에 상당히 유치해서 청소년에게 사용할 마음이 들게 하지 않는 공원 시설을 선호했다. 제한된 사용 시간을 표지판에 게시함으로써 주민들과 법률 집행인에게 어두워진 뒤에 부지를 비울 근거를 제공하였다.

안전에 대한 광범위한 피드백을 받은 탓에 우리는 다른 도시들에서 얻은 교훈을 주민들이 동네에서 오랜 기간 겪은 경험과 저울질해야 했다. 게리 시와 클리블랜드에서 우리는 다른 도시의 주민들과 공유한 결과 유휴지의 개선이 범죄의 발생을 늘리지 않고 줄이는 경향이 있다는 것을 보여주었다. 예를 들어, 필라델피아에서 펜실베이니아 원예협회the Pennsylvania Horticultural Society의 랜드케어LandCare 프로그램을 살펴본 연구자들은 유휴지에서 폭력 범죄가 감소하는 것을 확인했다. 연구자들은 이러한 감소가 몇 가지 요인 때문인 것으로 가정하였다. 그러한 요인은 돌봄에 관한 보다 큰 인식, 불법 행위로부터 사람들의 의욕을 꺾는 보다 유익한 부지 활용, 필지의 보다 높은 가시성과 이를 가로지르는 보다 훤한 시선, 이웃 주민들 사이에 스트레스가 감소할 가능성 등이었다. 그러나 연구자들은 부지의 더 많은 이용과 더 높은 범죄 신고율로 인해 (공공 장소에서의 주취와 같은) 사소한 범죄 혐의가 증가했음을 지적했으며, 이는 게리 시와 클리블랜드의 주민들을 우려하게 했다.

일반적으로 도시 녹화의 실천 경험이 적은 게리 시와 클리블랜드의 지역 사회 주민들은 다른 도시들에서 얻은 발견들을 인정하는 데 주저했다. 유휴지 개선 프로젝트의 효과에 대한 공식적 연구가 부족한 상황에서, 게리 시와 클리블랜드의 지역 사회가 도시 녹화의 효과를 조사한 지역들과 큰 차이가 있는지는 여전히 알 수 없다. 이러한 도시들과 버팔로를 비교해 보면 지역 사회가 개선되었다는 것이 상당수의 유휴지 프로젝트가 진행된 뒤에야 주민들에게 인식 가능할 것이라고 여기게 한다. 버팔로의 연구 결과는 민감한 주제들에 일찌감치 개입함으로써 주민들의 우려를 막아줄 수 있는 지역 사회 협력체의 가치를 보여준다. 범죄에 대한 우려는 실제이든 그렇게 인지된 것이든 간에 '공터에 활기를' 프로젝트 현장에서 도시 녹화 프로젝트를 위한 주민 참여에 큰 영향을 미쳤다.

연결성

연결성은 프로젝트와 지역 사회를 강화하는 설계 속성으로 도시 계획가들이 빈번하게 언급하지만, 주민들은 프로젝트의 측면과 후방을 인접한 유휴지나 마당에 연결하는 것이 범죄에 사용될 수 있는 진입점과 출입구를 만들 수 있다는 두려움을 호소했다. 클리블랜드에서 주민들은 갱단과 관련된 활동의 일환으로서 청소년들이 총을 가지고 마당을 통과해 달렸다는 이야기를 공유했다. 게리 시에서 주민들은 프로젝트를 주요 간선도로 곁에 있는 인접 필지와 연결하는 것이 절도와 그 밖의 재산 관련 범죄에 도움을 줄 수 있다고 두려워했다. 우리는 가능하면 필지의 옆과 뒤를 따라 울타리를 보전함으로써 이러한 우려에 대처하였으며, 특히 클리블랜드와 게리 시에서 선정된 부지들의 뒤쪽에는 더 많은 울타리를 추가하였다.

외관, 그리고 의도된 이용자

설계 과정이 진전됨에 따라 공원의 외관과 주요 이용자로 피드백 이슈가 바뀌었다. 주민들은 외관의 측면에서 일반적으로 잘 알려진 식물을 토착 식물보다 선호했지만, 토착 식물은 더 적은 유지 관리와 절도에 대한 더 낮은 미적 흡인력 때문에 프로젝트 팀의 선택을 받았다. 버팔로의 지속가능한 주거를 위한 시민 연대로부터 받은 피드백은 식물 종의 수를 프로젝트 구역당 4개 정도로 줄이고, 개별 종을 줄이나 군집으로 분류하여 주민들의 외관에 대한 의견을 개선하고, 많은 계약 업체가 봄철에 잡초로부터 식물을 더 쉽게 구별할 수 있도록 하는 추가 혜택을 제안했다. 프로젝트 구역 전반에서 생물 다양성을 높이기 위해 식물 품종의 조합은 인근의 화단이나 프로젝트 부지 전체에 걸쳐 다양화할 수 있다.

자연 놀이와 재활용된 요소들 – '홀던 숲과 정원Holden Forests & Gardens'의 허쉬 어린이 정원Hershey Children's Garden과 여타 공공 정원에서 창의적 놀이를 자극하기 위해 성공적으로 사용된 – 은 전통적인 공원 시설보다 주민들에게 덜 가치 있는 것으로 여겨졌다. 프로젝트 팀은 자연과의 연결성을 강화하고 지속가능성이라는 프로젝트의 테마를 전달하는 놀이용 통나무와 언덕, 재생된 사물들과 같은 자연스러운 요소의 사용에 관심이 있었다. 설계 단계를 거치며 일부 주민은 도시화된 환경에서 자란 아이들이 자연 놀이 공원의 테마와 상호 작용하는 방식을 직관적으로 이해할지 의문을 표명했다. 설계가 궁극적으로 다수에 의해 승인되었음에도 말이다. 다음 장에 설명하는 바와 같이, 이러한 소수의 우려는 자연 놀이 공간이 조성된 이후에 극적인 설계 변경으로 이어지는 고통과 원망의 전조였다.

부지의 레크리에이션 활용과 공원의 의도된 수혜자들에 관해 대부분의 주민은 어린 아이와 나이 많은 주민이 이용할 수 있는 시설을 선호했다. 운동 기구와 산책길처럼 성인을 위한 시설은 인기가 없었다. 청소년에게 매력적으로 여겨지는 요소들은 약물과 배회, 바람직하지 않은 행위에 대한 우려 때문에 주민들에게 가장 인기가 없었다.

유지 관리 능력

게리 시와 클리블랜드에서 주민들에게 부가적인 고민은 도시 녹화 프로젝트를 유지 관리할 기존의 능력이 적절한지, 유지 관리가 장기적으로 안정화될지에 관한 것이었다. (5장에서 더 자세히 다룰 것이다.) 이러한 두려움은 재정의 결핍이나 책임과 의무의 변화로 인해 시간이 흐르며 황폐화되었던 게리 시의 시립 공원과 클리블랜드의 유휴지 활용 프로젝트 사례와 직결되어 있었다. 일반적으로 주민들은 운동 경기장과 같이 명백한 유지 관리 요구가 필요한 시설을 추가하는 것에 우려를 표했다.

지역 사회별 주민 참여의 시사점

세 도시의 '공터에 활기를' 프로젝트에서 도시 녹화에 대한 우려와 요구에 중요한 공통점이 있음에도 불구하고, 각각의 지역 사회에서 배울 만한 몇몇 차이점이 있었다. 우리는 세 지역 사회 각각의 요구와 상황에 맞춰 주민 참여의 방법과 일정을 조절하였다.

게리 시의 애트나 지역

미화와 재활성화는 애트나 주민들에게 인기 있는 설계 주제였다. 애트나 지역에서 애트나 가의 서쪽에 위치한 이 구역은 주로 나이가 많은 주민들의 안식처였고 조용한 곳이었으며 그대로 유지하고 싶다는 바람이 지배적이었다. 방문 조사를 시행하는 동안 대다수의 주민은 설계 프로젝트에 정적인 이용을 원했으며 스포츠나 활동적 놀이와 같이 특정한 프로그램을 담는 안에 반대했다. 지역 사회 모임은 흡사한 분위기를 반복했고, 설계에 대한 합의를 굳히는 데 역할을 했다. 부지의 조명, 자연적 구역, 산책길, 소로는 모두 안전과 미감을 높이는 것을 목표로 삼았다. 지역 사회의 피크닉 테이블이 두 부지에서 계획되었으나 시 정부의 사전 협조가 있을 때에만 (무료로) 사용할 수 있게 되었다. 설계의 최종 단계에서 개별적인 우편 봉투가 프로젝트 부지로부터 150피트 안에 살고 있는 주민들에게 보내졌으며 후속 전화가 반나절이나 이어졌다. 애트나 부지들에 관한 마지막 통화 논의는 긍정적이었고 중대한 설계 변경을 요구하지 않았다.

클리블랜드 시의 우드랜드힐스 지역

클리블랜드의 주민들은 레크리에이션에 관심이 더 넓어졌다. 프로젝트 도입을 위한 주민 참여 회의가 노스이스트 오하이오 동북권 하수도 구역, 공공토지신탁Trust for Public Land과 공동으로 개최되었고 프로젝트 팀에게 '공터에 활기를' 프로젝트와 다른 그린 인프라 프로젝트들과의 관계를 소개할 수 있는 기회를 주었다. 회의에 주민들이 적게 참석했음에도 불구하고 지역 사회의 핵심 지도자들이 프로젝트와 인근의 그린 인프라 프로젝트에 대해 알기 위해 찾아왔으며, 정보를 이웃들에게 공유했다. 여름 동안 진행된 첫 번째 방문 조사에서 운동 경기장과 자연 놀이 구역과 같은 동적인 이용에서부터 앉아서 휴식하거나 사색하는 공간과 같은 정적인 이용에 이르는 거주민들의 폭넓은 바람이 드러났다.

계획 과정 중반에는 참석률이 높은 커뮤니티 설계를 위한 공청회가 진행되어 주민들은 특정 부지에 집중하고, 제안된 설계의 테마를 좁힐 수 있었다. 두 곳의 부지 가까이에 사는 주민들은 동적인 이용을 선호한 반면 세 번째 그룹은 보다 정적인 이용을 강하게 강조했다. 한 달 뒤에 열린 커뮤니티 설계를 위한 피드백 회의는 주민들에게 이전의 토론과 조사 결과가 포함된 계획 수정안을 검토할 기회를 주었다. 프로젝트 부지 가까이에 사는 일부 주민들이 참석하지 않았기 때문에, 설계 의견을 확정하기 위해 부지로부터 150피트 안에 사는 모든 주민들에 대한 최종적인 후속 조사가 진행되었다. 정적 이용 중심의 부지 설계에 대한 반응은 두 개의 활동적 이용 부지에 비해 높지 않았으며, 마을 주민들에게는 디자인 세부사항(뒤쪽 필지와의 연결이나 조명을 통한 안전성 같은)이 비교적 큰 문제로 다가왔다.

활동적 놀이 부지에 관한 우려는 구체적인 설계 요소를 다루기 위한 블록 조직의 회의를 촉발했다. 우려의 상당 부분은 초기 설계안의 가상 렌더링rendering에서 아직 결정되지 않은 활동적 레크리에이션 이용을 예시로 보여주기 위해 넣은 농구대 이미지에 집중되었다. 우리는 그 전에 약물과 폭력에 대한 우려 때문에 청소년들을 유인하는 편의시설에 반대하는 의견을 들었기 때문에 이 장소에서는 농구대에 대한 계획이 없었다. 그러나 농구대라는 상징이 끌어오는 부담을 제대로 인지하지 못했고, 부지의 활동적 이용에 관한 유의미한 대화를 진행하기 위해 초기 렌더링의 이미지를 바꿔야만 했다.

이러한 우려는 이후에 어린 아이들의 공 깔때기 놀이시설ball funnel을 제안할 때 다시 불거졌다. 주민들은 그 시설이 농구와 유사한 방식의 이용을 부추길 것으로 느꼈다(〈그림 3-11〉 참조). 예시 렌더링 속 피크닉 테이블은 청소년들에게 흥미를 끄는 요소라는 비판을 샀는데, 그래도 대부분의 주민은 그 필지에서 어느 정도의 활동성과 모임을 권장하는 데 열려 있었다.

클리블랜드에서의 주민 참여는 설계팀에게 주민들이 예시 렌더링에 묘사된 상황을 부지에 조성될 상황 그대로의 재현으로 받아들인다는 점을 가르쳐 주었다. 비록 렌더링이 문자 그대로 의도를 전달하기 위해 만들어진 것이 아닐지라도 말이다. 돌이켜보면, 의도를 그대로 반영한 설계안을 가지고 참여를 이루어내는 것은 구체적인 프로젝트 요소에 관하여 주민들 간에 더 생산적인 대화를 이끌어냈을 것이고, 자연 놀이 부지에서 훗날 발생하게 된 실망스러운 상황을 피할 수 있었을 것이다. 설계안에만 의지하

피크닉 구역
소로
놀이 공간

그림 3-11. 클리블랜드의 포켓 공원 부지 설계안의 예시 렌더링. 활동적 놀이에 관한 주민 참여에서 대화를 시작하기 위해, 아이들의 공놀이 묘사로 농구대가 그려진 초기 렌더링을 대체했다. 그러나 청소년을 끌어들이는 것에 대한 일부 주민의 우려는 여전했다. ⓒ제이슨 켄트너와 션 버크홀더

면 이해에 장벽이 생긴다. 설계안의 추상적이고 세부적인 내용을 설명하기 위해서는 충분한 시간이 필요하다.

클리블랜드의 모든 부지에서 대두된 핵심 설계 요소는 안전 문제, 아이들을 위한 선택, 유지 관리, 이용 시간의 제한, 불법 행위의 경감이다. 지역 사회의 자산과 법적 책임 간에 균형을 맞추고 지역 사회의 순익을 만들어 내려는 요구는 클리블랜드의 주민 피드백에서 꾸준히 제기된 주제였다.

버팔로 시의 웨스트사이드 지역

지속가능한 주거를 위한 시민 연대의 장기간에 걸친 주민 참여로 인해, 버팔로 시 웨스트사이드 지역의 '공터에 활기를' 프로젝트에서 주민 참여는 클리블랜드와 게리 시와는 다른 양상으로 이루어졌다. 다른 도시의 협력체들과는 달리 지속가능한 주거를 위한 시민 연대는 첫 번째 주민 참여 회의를 할 때 이미 프로젝트 부지를 정한 상태였고, 회의에서 구체적인 설계

논의를 시작하도록 해주었다. 가구별 방문과 소셜 미디어를 통한 가상 대화는 지속가능한 주거를 위한 시민 연대가 이미 수행하던 활동의 일부였으며, '공터에 활기를'의 의미와 위치는 기존의 활동에 포함되었다.

세 곳 중 두 곳의 프로젝트 부지에서는 지속적인 대화와 자원 활동을 거치며 공원에서 가까운 활동적 공간과 모임 장소를 갖추는 것으로 일찍이 합의가 이루어졌다. 여름 동안 진행된 방문 조사와 심층 회의는 인근 주민의 투표와 프로그램 의견 수렴을 위한 사무실 개방을 통해 각 부지의 구체적 요소들을 확정하는 데 도움을 주었다.

주민의 기대치 형성에 있어 주민 참여의 역할

세 도시에서 진행된 프로젝트의 실천을 통해 프로젝트 팀은 주민의 기대치가 주민 참여의 수준에 따라 얼마나 좌우될 수 있는지 확인했다. 프로젝트 팀은 가능한 많은 주민을 참여시키려는 뜻을 가지고 주민 참여를 위한 최적의 방법을 동원했다. 그러나 프로젝트의 범위가 일반적인 것보다 크다거나 프로젝트에 관여하는 주민의 권한이 더 커져야 한다는 등, 의도치 않게 주민들이 제기하게 된 '증대된 참여'를 확인했다. 이는 주민들을 '과도하게' 끌어들여도 괜찮은지 의문을 갖게 했다.

클리블랜드에서 우리는 초기에 지역의 하수국과 주민 회의에 함께 참석했다. 관리 당국은 사전에 지역에서 매년 1700만 갤런의 빗물을 경감하는 500만 달러 규모의 그린 인프라 프로젝트를 만들었다. 우리가 다른 프로젝트에 비해 크지 않은 비용을 투명하게 공개했음에도 불구하고 '공터에 활기를' 팀은 지역에서 프로젝트 비용과 불균형한 수준으로 참여하였는데, 이는 지역에서 더 큰 프로젝트들에 의해 수립된 기준에 근거한 것이었다. 일부 주민들에게는 레크리에이션 활용을 만들어나간다는 자율성이 프로젝트의 다른 측면들까지 좌우하는 수준의 비현실적 기대를 자아내기도 했다. 다른 주민들은 프로젝트가 기대보다 더 소략하다는 것에 실망을 비추기도 했다. 클리블랜드의 자연 놀이터 프로젝트 계획에 참여했던 일부 주민들은 레크리에이션을 위한 프로젝트 예산을 더 많이 확보하기 위해 프로젝트에서 빗물 관리를 없애라고 항의하기도 했다. 이러한 문제들은 회의를 적게 소집한 게리 시에서나 '공터에 활기를'에 관한 토론이 다른 지역 사회 계획과 그룹을 이루어 진행되었던 버팔로에서는 불거지지 않았다.

'공터에 활기를' 프로젝트는 피드백이 미래의 여러 지역 사회 녹색화 프로젝트에 통합될 수 있기를 바라며 주민들을 참여시켰다. 미래의 프로젝트에서는 보다 구체화된 토론을 통해 주민의 실망감을 낮추는 방안을 고려해볼 수 있을 것이다. 적절히 검토된 설계 요소를 갖춘 제한된 선택지를 들고 주민들에게 접근하며, 제대로 진행되었거나 진행되지 않은 프로젝트로부터 교훈을 얻고, 유사한 범위의 다른 계획과 협업한다면 주민들의 기대가 프로젝트의 역량을 넘어설 정도로 부풀어 오르지 않을 것이다. 더불어 이러한 종류의 지역 사회 투자가 더 일반화되면, 주민들이 도시 녹화 프로젝트에 더 친근감을 느끼고 혜택을 입는 동시에 혼란을 느낄 가능성은 줄어들 것이다.

프로젝트의 교훈

유휴 주거지를 빗물 공원으로 바꾸는 계획은 부지 선정을 위한 반복적 과정, 레크리에이션과 빗물 관리를 접목하는 부지 계획의 작성, 주민들의 피드백 수집으로 이루어졌다. 일련의 적정 기준을 사용하여 모든 가용 필지에서 프로젝트 부지를 추리는 것으로 시작하는 부지 선정의 하향식 과정은 기술적으로 도전이었지만, 도시 녹화 실무자들에게 프로젝트의 목표에 부합하는 부지를 효과적으로 선정하도록 해주었다. 큰 규모에서 비용 효율적인 빗물 관리를 위해서는 하향식 부지 선정 과정의 광범위한 적용이 보다 필요할 것이다. 도시 녹화 실무자들이 프로젝트 부지 선정에 있어 유연성을 가지고 있을 때, 이용 가능한 공간분석 도구가 없다면 데이터 분석가와 협력하는 것이 유용하다. 대학의 학부 수준에서 공간분석을 보다 일반적으로 배울 수 있게 되었기 때문에 이러한 전문가는 더 널리 보급되고 있다.

사회적이고 환경적인 혜택을 우선하는 도시 녹화 프로젝트의 설계는 상충하는 요구 사항의 능숙한 조절을 요구하며, 다중 이용을 위한 프로젝트는 공간과 지역 사회 안정화 기금의 효율적 활용이 될 수 있다는 점에서 잠재적 이점을 가지고 있다. '공터에 활기를'과 같은 프로젝트를 위한 기존에 모범 사례가 없는 상황에서는 유연성, 창의성, 실험이 핵심이다. 프로젝트 팀은 많은 유휴지가 있는 지역 사회의 전형적인 유지 관리 능력 부족에 따라 프로젝트의 유지 관리 요구를 낮게 유지하는 데 특히 중점을 두었다.

설계 과정을 아우르며 소통을 위한 다양한 수단과 방법을 제공하는 주민 참여는 결국 프로젝트 설계를 형성하는 가치 있는 주민 피드백을 만들어냈다. 공식 회의장이든 집 앞 현관이든 주민들이 살고 있는 곳에서 그들을 만나는 것은 교류할 수 있는 주민의 수나 다양성 측면에서 가장 성공적인 참여 수단이었다. 프로젝트 팀이 지역 사회와 가까운 관계를 맺지 못한 곳에서 신뢰받는 지역 사회 구성원이나 조직을 지역 담당자로 두는 것은, 일반적으로 짧은 프로젝트 기간을 고려하면 프로젝트 팀 구성원과 주민 사이의 간극을 줄이는 데 중요하다. 미래의 주민 참여를 위해서는 도시 녹화 프로젝트의 적합성을 검토하고 목표와 예산에 부합하는 보다 제한적인 선택지를 제공함으로써 주민들의 시간을 더 효율적으로 활용하는 것을 고려해야 한다.

----

1. Alexandra Dapolito Dunn, "Siting Green Infrastructure: Legal and Policy Solutions to Alleviate Urban Poverty and Promote Healthy Communities," *Boston College Environmental Affairs Law Review* 37, no.1 (2010): 41-66.

2. US Census Bureau, 2010 Census Summary File 1 (SFl) and 2011 American Community Survey (ACS) databases.

3. New York State Department of Environmental Conservation, *New York State Stormwater Management Design Manual* (Albany, NY: New York State, January 2015).

4. City of Albany, *Albany 2030: The City of Albany Comprehensive Plan* (Albany NY: City of Albany, 2011).

5. Charles C. Branas, Eugenia South, Michelle C. Kondo, Bernadette C. Hohl, Philippe Bourgois, Douglas J. Wiebe, and John M. MacDonald, "Citywide Cluster Randomized Trial to Restore Blighted Vacant Land and Its Effects on Violence, Crime, and Fear," *Proceedings of the National Academy of Sciences* 115, no. 12 (2018): 2946-2951

6. '공터에 활기를' 프로젝트의 리더십이 기반하고 있는 클리블랜드 식물원의 잘 손질된 정원이 주민의 기대치에 영향을 준 부가 요인일 수 있다.

4장
'공터에 활기를' 실행

'공터에 활기를' 프로젝트 실행 준비는 부지가 확정된 후 설계 과정의 후반 단계에서 시작됐다. 허가를 받아 일정을 조율하고, 토지를 임대하고, 사업자를 선정하고, 지역 협력 기관을 정하기 위한 협의서 작성 등을 진행했다. 2014년 가을, 프로젝트 3년 차에 착공하여 2015년 봄까지 계속되었다 (부록 참조). 부지를 선정하고 세부 협의 사항을 작성하는 복잡한 준비 과정은 프로젝트의 다음 단계에서 빛을 발했다. 부지에 첫 삽을 뜨고 나자, 조성은 비교적 문제없이 진행되었다. 필지의 지표 아래 숨겨져 있어 비용을 소모시키는 상황도 없었고, 작업을 방해하는 큰 사건도 일어나지 않았다. 세부 설계에서 벗어나지 않고 예상된 기간 안에 기존 예산에 책정된 비용에 가깝게 실행된 프로젝트였다(〈표 4-1〉 참조).

우리가 착각한 것은 손쉬운 조성 과정으로 인해 후반부에, 특히 활동적인 클리블랜드의 놀이터 프로젝트 두 곳에서 표면적으로 나타난 난항을 예상하지 못한 점이었다. 돌이켜보면 계획 단계부터 있었던 작은 어긋남, 특히 주민의 반대를 불러온 설계 요소의 문제가 프로젝트 조성 이후에 불거진 난항을 예견했다. 프로젝트의 실험적 성격을 고려했을 때, 문제를 해결하는 과정에서 프로젝트 부지의 설계를 변경할 수 있는 추가 자금을 구한 것은 천만다행이었다. 보통은 가능하지 않기 때문이다. 주민들의 피드백과 기물 파손 등과 같은 주민 민원을 해결하기 위해 두 프로젝트에 대한 수정이 2년 동안 진행되었다. 뒤늦게 깨달았지만, 이 경험을 통해 '공터에

표 4-1. '공터에 활기를' 프로젝트 요약

프로젝트		규모 (제곱 피트)	레크리에이션 활용		비용[a]	비용/갤런[b]	
						빗물	합류식 하수도 월류수 (CSO)
클리블랜드	자연 놀이터	6,292	동적	그네, 벤치	$13,531	$0.09	$0.88
	자연미	4,346	정적	새집	17,653	0.17	1.66
	포켓 공원	4,590	동적	벤치, 그네, 평균대	19,004	0.17	1.70
게리 시	마을맞이 정원	4,368	정적	소로, 마을 표지판	20,777	0.19	1.95
	담장 정원	6,575	약간 동적	피크닉 테이블	16,819	0.10	1.05
	잔디 놀이터	5,148	동적	피크닉 테이블, 잔디 놀이터, 박쥐 집	14,007	0.11	1.12
버팔로	양묘원	5,168	정적	소로, 양묘원	8,827	0.06	0.58
	핸드볼장	9,271	동적	피크닉 테이블, 핸드볼장	35,305	0.15	1.51
	모퉁이 공원	3,203	약간 동적	벤치, 투수 포장 주차 공간, 소로	8,827	0.08	0.80

a 조성 비용을 의미. 버팔로 프로젝트 두 곳은 합산되어 처리된 후 평균으로 작성함
b 평년 우수량(NOAA, 1981~2010)과 10갤런의 빗물 포집량이 1갤런의 합류식 하수도 월류수를 경감시킨다는 가정을 기준으로 계산한 포집된 빗물 갤런당 비용을 의미

활기를'과 같은 실험적 도시 프로젝트에는 긴급 사태를 위한 비용 처리 항목의 개설과 재시공 단계가 모두 필요하다는 점을 강조하게 되었다.

이 장은 프로젝트 실행 과정을 탐구하고 그 결과물인 아홉 곳의 '공터에 활기를' 프로젝트를 세부적으로 살펴보며, 어디서나 유사한 프로젝트에 실행할 수 있도록 안내 지침을 제시한다. 기존 설계를 변경한 데는 다양한 이유가 있는데, 몇몇은 지역 안정화를 목적으로 하는 도시 녹화 프로젝트에 교훈이 될 수 있다. 토착 식재가 이 프로젝트와 타 도시 녹화 프로젝트에서 예산의 큰 부분을 차지하기 때문에, 프로젝트 팀은 게리 시와 버팔로 시에 양묘원plant nursery을 조성해 미래에도 지역 기반의 저렴한 식재 자원을 제공할 수 있도록 고안했다. 도시 녹화 프로젝트를 위해 식물이 필요하며 키울 여건 마련이 중요한 도시의 경우, 이런 양묘원 형태 및 관련 협력 기관이 우수 사례가 될 수 있을 것이다.

프로젝트 실행

몇몇 필지를 프로젝트 부지로 선정한 이후, 첫 삽을 뜨기 전까지의 준비 과정으로서 프로젝트의 지역 협력체 및 계약 업체와 계약을 맺고, 각 부지의 프로젝트 실행 조건을 검토했다.

서면 합의서

빈 필지가 프로젝트 부지로 선정된 후, 사용 목적을 밝힌 합의서를 작성하고 프로젝트 조성 및 유지 관리를 위한 접근 허가를 요청하기 시작했다. 시의 토지은행이 유휴지를 소유한 클리블랜드의 경우, 부지 접근과 관련해 5년 단위로 허가되는 정부의 기존 임대 절차가 있었다. 클리블랜드 필지의 임대 신청에는 부지 계획과 유지 관리 계획의 검토, 그리고 필지당 1달러의 신청 비용 등이 필요했다.

필지 소유자가 프로젝트 팀(시 정부와 '지속가능한 주거를 위한 시민 연대')의 일부였으며 조성 후 프로젝트 유지 관리를 맡았던 게리 시와 버팔로의 경우, 공식 임대 계약 대신 양해각서MOU 협약이 체결되었다. 클리블랜드 식물원이 각 합의서에서 (프로젝트 팀 리더로서) 한 축을 맡았고, 또 다른 축은 토지 소유주가 맡았다. 각 합의서는 동일한 양식을 따랐다. 먼저 '공터에 활기를' 프로젝트의 목적을 설명하고 업무 협력자로서 두 기관의 관계를 설정했다. 그 다음 특정 필지로의 접근, 프로젝트 업무 분담, 시간 혹은 비용에 대한 보상의 교환, 그리고 완공까지 개괄적 일정을 포함하여 각 기관의 책임을 별도로 나열했다. 합의서 결론부에는 법적 책임, 의사소통에 대한 요구 사항, 필요 시 문서의 구성 요소 변경 절차, 양측 기관의 공동 책임 소재에 대한 내용이 포함되었다.

비록 두 기관 간 합의서 초안을 작성하는 과정이 상당한 시간을 필요로 하고 법적 자문을 위한 비용까지 추가되었지만, 이 과정을 통해 각 기관이 명료성과 공평성을 보장하고 기관 간 협력의 성격을 명확하게 구분할 수 있었다. 예를 들어, 프로젝트 팀 구성원이 프로젝트를 그만둬야 하는 경우, 서면 합의서를 통해 프로젝트 팀 내부의 지속성을 보장할 수 있었다. 프로젝트 팀은 비영리 법제도에 전문성을 지닌 자원 활동가로부터 법적 자문위원회의 승인을 받기까지 합의서 초안을 작성하는 데 도움을 받을 수 있었다.

조경 공사 업체의 참여

각 도시에서 빗물 정원, 생태 수로, 빗물 홈통 분리 기법, 토착 식물 등 지속가능한 토지 이용 방식의 조성 및 유지 관리에 관한 많은 경험을 지닌 조경 공사 업체를 선정했다. 업체 선정을 위해 제안서 요청을 했을 당시, 우리가 요구한 것은 식재와 시설 조성이 모두 가능하도록 조경 공사와 일반 공사(또는 정해진 예산 내에서 하도급을 내릴 역량)에 기술과 경험이 있을 것, 그리고 지역 내에서 공사 인부를 구하고 빗물 관리 기술에 대한 직접적 경험을 지니고 있을 것 등이었다. 게리 시의 경우, 요청서에 시에서 새롭게 형성된 '도시보존 팀Urban Conservation Team'과 함께 '공터에 활기를' 부지를 비롯한 도시 공원의 유지 관리를 맡고, 비숙련 작업을 수행하고, 프로젝트 조성의 기술적 부분을 참관하도록 하는 추가 조항이 포함되었다.

우리의 구체적인 요구 사항과 그다지 넉넉하지 않은 예산(조성 계약은 평균적으로 도시당 54,000달러 정도였다)으로 인해, 자격에 맞는 입찰을 충분히 받는 것조차 난관이었다. 클리블랜드의 경우, 우리 요구 사항에 적합한 자격을 지닌 입찰 단 한 건이 이 도시 및 지역에서 다양한 조경 프로젝트를 수행해 온 소규모 지역 기반 조경 업체로부터 들어왔다. 게리 시의 경우, 근접 도시의 작은 조경 업체로부터 만족스러운 입찰을 받기까지 두 번의 유찰을 해야 했다. 지속가능한 주거를 위한 시민 연대는 이런 경험을 지닌 조경 팀을 자체적으로 고용하고 있었기 때문에, 버팔로에서는 이 팀이 조성을 담당했다.

결국 경쟁 입찰은 빗물 관리 기술 향상에 잠재력이 있다고 본 소규모 지역 기반 업체들로부터 이루어졌다. 하도급을 통해 진행된 버팔로의 핸드볼장과 게리 시의 교목 제거, 그리고 간판 제작 업체가 작업한 버팔로와 게리 시의 표지판 작업을 제외한 프로젝트 조성의 전 과정을 소규모 조경 업체가 수행했다. 비록 많은 요구 사항을 맞출 수 있는 업체를 찾는 데 노력이 필요했지만, 결과적으로 함께 즐겁게 일할 수 있고 프로젝트 결과물에 노력을 아끼지 않은 업체 세 곳을 찾을 수 있었다.

버팔로와 게리 시에서 조성과 유지 관리 담당자가 중첩된 것은 이후 3년간 유지 관리 수준에 영향을 미쳤다. 지속가능한 주거를 위한 시민 연대의 경우 프로젝트 계획 초기 단계부터 협력했기에 설계팀과 함께 작업하며 자신들이 현지에서 키우거나 구할 수 있는 식물과 자재가 부지 설계에 포함되었고, 완공된 프로젝트가 팀이 유지 관리 가능한 역량에 부합하도록 보장을 받았으며, 또 주민과의 잠재적 문제를 사전에 방지할 수 있었다. 게리 시의 경우, 도시보존 팀이 조성 과정에서 업체와 직접 작업하며 빗물 정원 공사와 유지 관리에 대한 이해를 높였다. 따라서 이후 수행하게 될 이 지역 '공터에 활기를' 프로젝트의 유지 관리를 준비할 수 있었다.

조성과 유지 관리를 수행하는 관계가 지속되었을 때의 장점은 조성을 담당하는 업체가 완공 후 유지 관리를 지역 기반의 타 조경 업체에 넘겼던 클리블랜드의 사례에서 확인할 수 있다. 프로젝트의 목적을 숙지할 기회도 없었고 설계 과정에 참여하지도 않았던 새로운 유지 관리 업체는 이 프로젝트가 지닌 빗물 관리와 레크리에이션이라는 이중의 목적을 쉽게 이해하지 못했다. 또한 조성 이후에 웃자라고 모종의 종류까지 바뀌어버린 토착 식물층을 솎아내는 방법을 잘 알지 못했다. 결국 이 부지들은 시간이 지날수록 원래 설계안과 더욱 달라졌다. 하지만 이 업체는 지역민이 좋아하는 식재 유형을 잘 알고 있었기 때문에 초기부터 참여했더라면 프로젝트에 많은 도움이 되었을 것이다.

공사 개요

공사 일정이 다가왔을 때는 이미 9개 필지 모두 철거가 완료되고 경사가 정리되어 비교적 평평한 유휴지가 되어 있었다. 게리 시의 두 필지에는 빈 집이 남아 있었다. 게리 시는 긴급구제기금을 통해 이 집을 철거하고 경사가 깎인 유휴지로 남겨 두었으며, 일반적으로 철거 후 부지 정비 절차에 포함되는 목초 종자의 파종만 하지 않은 상태였다.

각 빗물 정원 설치 예정 위치의 토양을 2피트 깊이로 파냈다. 이 구멍에 먼저 1피트의 거친 암석을 채워 표면의 토양 아래 유출수를 저장할 수 있는 충분한 다공층을 만들었다. 암석 위에는 반 모래와 약간의 점토를 넣어 표면의 빗물을 빠르게 투과시키고 20~30%의 나뭇잎 퇴비를 섞어 식재 활착에 도움이 되도록 만든 친환경 투수성 배합토를 1피트 채워 넣었다. 빗물 정원의 지하층은 1인치의 강우나 눈이 녹은 후 24시간 내 표면의 유출수를 침투시켜 필지 위로 물이 고여 웅덩이가 생기는 것을 방지할 수 있다.

배수는 설계에는 포함되었지만 조성되지 않았다. 설계가 승인 났을 때 (다른 두 도시보다 배수에 대한 우려가 많았던) 버팔로의 도시공학자들은 이미 빗물 관리 그린 인프라에 대한 충분한 경험을 지니고 있었고, 산정된 필요 월류수 용량에 대한 의견이 바뀌어 있었다. 프로젝트 팀은 빗물 정원 규모가 여유롭기 때문에 배수 시설이 요구될 정도로 깊은 물웅덩이가 만들어지는 상황이 매우 드물 것이라 판단했고 도시공학자들 역시도 동의했다.

빗물 정원에 뒤채움재를 넣어 각 필지의 지면과 높이를 맞춘 뒤, 위를 경재 멀칭mulching으로 덮고 식재를 진행했다. 빗물 관리와 관련된 식물의 증발과 증산의 기능에 대한 과학적 정보가 부족하므로, 식재는 장식적 기능만을 지녔다고 가정했다. 이 가정은 빗물 공원 설계에 활용할 수 있는 식재 유형에 상당한 자유도를 보장했다. 앞의 3장에 설명했듯, 우리는 유지 관리가 쉽고 레크리에이션 활용 계획과 알맞으며 도시 유휴지에 잘 맞는 식재를 선택했다.

게리 시와 버팔로에서 각 필지의 잔디밭 부분에는 양지용 혼합 잔디가 식재되었다. 클리블랜드의 경우 유지 관리가 손쉬운 혼합 잔디를 심었다. 토성 개량soil amendment 없이 유휴지에 바로 파종을 한 경우, 잔디는 매우 느린 속도로 자랐다. '홀던 숲과 정원'에서 수행한 타 유휴지 프로젝트의 경험을 바탕으로, 우리의 잔디 포장은 비교적 성공적이었다. 이곳에는 어린 잔디를 키우기 위해 영양분과 용수량을 더해주는 1~2인치 높이의 낙엽 부엽토에 목초 종자를 심음으로써 보다 적은 양의 잡초가 자라는 것을 확인했다. 한 가지 유념할 것은, '손쉬운 유지 관리low-maintenance' 혹은 '잔디를 깎을 필요가 없다low-mow'라고 광고하는 혼합 잔디의 경우, 좋은 결과를 내기 위해서는 반드시 엄격하게 따라야 할 파종 조건이 있다는 점이다. 만약 가을에 파종(또는 다른 잡초 방제 조치를 사용하는 경우 이른 봄에 파종)을 포함한 그러한 혼합 지침의 안내를 그대로 따라 할 수 없다면, 궁극적으로 잡초 비율이 낮은 적당한 잔디 포장을 위해 '제초가 필요 없는' 혼합 잔디 대신 일반적인 혼합 잔디를 활용하는 것을 추천한다.

'공터에 활기를' 프로젝트 설명

클리블랜드 프로젝트

우드랜드힐스 지역의 평행한 도로가 놓인 조용한 지역의 주민들은 동네를 아름답게 만들고 어린아이들에게 뛰어놀 수 있는 공간을 주는 도시 내 녹지 공간을 원했다.

첫 번째 부지: 자연 놀이터

이 조용한 주거지의 블록 조직 위원회는 어린아이들을 위한 활동적인 놀이터를 콘셉트로 내세웠다. 필지 몇 군데에서 아이들이 작은 나무에 밧줄로 폐타이어를 묶어 놓았던 것이 이 블록에 단 하나 있는 그네였다.

　최종 설계안은 자연 친화적 놀이터로 정해졌고, 기발하고 환경적으로 지속 가능한 일반적인 공원 시설의 대안으로 만들어졌다(〈그림 4-1〉). 필지 한편에 잔디 놀이 언덕이 줄지어 자리잡았다. 앞쪽에는 빗물 정원과 원형 콩자갈로 이루어진 습지대가 메마른 하구 바닥처럼 놀이 언덕을 흘러 감쌌다. 필지 뒤쪽과 도로면에 난 좁은 잔디밭, 이렇게 두 곳에 빗물 정원이 더해져 유출수를 추가로 포집했다. 자연 놀이터 부지의 주요 구성 요소 중 하나는 놀이용 통나무였다. 우연히 설계에 딱 맞는 직경 18인치의 교목이 공사 기간 중 일어난 태풍으로 쓰러졌다. 갓 쓰러졌고 단단하며 필지와 연관되어 있다는 점에서 완벽한 놀이용 통나무였다. 나뭇가지는 2인치 지름을 갖도록 잘라냈고, 부드러운 멀칭 바닥에 철근으로 고정하였다. 땅바닥에 깊이 박아 놓은 재생 타이어 열은 벤치가 되었고 놀이용 통나무로 둘러싸였으며 뛰거나 올라가는 구조물로도 사용할 수 있었다.

　조성 공사가 끝났을 때 주민과 블록 조직 위원회로부터 자연 놀이터 콘셉트에 대한 격렬한 불만이 터져 나왔다. 설계안에 대한 대면 설문 조사나 주민

그림 4-1a. (좌)클리블랜드에서 자연 놀이터 부지가 될 유휴 택지

그림 4-1b. (하)완공된 자연 놀이터 부지는 잔디 언덕, 놀이용 통나무, 벤치이자 놀이용 구조물인 재생 타이어로 구성되었다.

회의에서 부지 계획에 대한 부정적인 피드백이 확인된 적이 없었기 때문에 매우 당황스러웠다. 일반적인 의견의 불일치 그 이상이었다. 우리는 매우 부정적인 피드백에 충격을 받았고, 처음에는 왜 그렇게 격렬한지 이해하지 못했다.

　하지만 마지막 구성 요소 – 놀이용 통나무와 폐타이어 벤치 – 까지 설치된 뒤 부지를 방문해 보니, 설계안이 주변 맥락으로 인해 프로젝트 팀이 전혀 예상하지 못했던 방식으로, 완전히 다르게 구현되었다는 점을 확인했다. 실제 60%만이 사용될 정도로 많은 유휴지와 유지 관리되지 않는 집들이 위치한 쇠퇴하는 지역이라는 맥락에서, 놀이용 통나무와 폐타이어 벤치는 이 지역에서 흔히 볼 수 있는 흉물들과 너무 유사했던 것이다. 재정 문제로 쓰러진 나무는 느리게 제거되기 마련이었고, 이렇게 쓰러진 나무는 클리블랜드에서 몇 개월 혹은 수년간 유휴지에 남아있기도 했다. 벤치와 탄성 놀이 기구로 재활용된 타이어는 폐기물 배출 비용을 피하고자 무단 폐기물 투기가 빈번히 일어나던 유휴지에서 흔히 볼 수 있는 것이었다. 계획 단계에서 수면에 떠오르지 않았던 또 다른 피드백은 주민들이 폐타이어를 고인 물과 모기와 강하게 연관 짓고 있었다는 점이었다. 타이어 하부 반쪽을 땅에 묻어 물이 고이지 않도록 했음에도 불구하고 말이다.

직접 확인하고 난 뒤 당연하게 느껴진 문제들은 길고 긴 설계 과정에서 놓친 것들이었다. 재활용 요소를 사용한 이유는 지속가능하게 만들고 창의적 놀이에 영감을 제공하여 아이들에게 자연과의 교감을 주기 위함이었다. 여러 공공 어린이 정원에서 재활용 자재가 성공적으로 사용되었음에도 불구하고, 클리블랜드의 이 지역 주민들은 새로운 공원 기구라기에는 질이 떨어진다고 느껴지는 재생 자재로 자신들의 프로젝트가 조성되었다는 점에서 상처를 받았다. 완공된 자연 놀이터 설계안에 대해 "쓰레기로 만들었다", "우리 아이들은 도시에서 태어났다. 이런 것을 어떻게 쓰는지조차 모른다!"라는 피드백도 있었다.

문제를 키운 또 다른 원인은 주민 참여 과정에서 우리가 다른 거리에 조성되는 프로젝트에 대해 주민들과 소통하지 않았다는 점이다. 세 블록 건너 '공터에 활기를' 포켓 공원에 일반적인 공원 기구가 새롭게 설치되고 있다는 점을 이 작은 지역 안에서 주민들이 알게 되는 데는 많은 시간이 걸리지 않았다. 이러한 대비는 자연 놀이터 공원에 대한 부정적 감정을 더했다. 블록 그룹의 대표는 너무나 큰 상처를 받고 배신감을 느낀 나머지 우리와 직접적인 대화를 거부했고, 지역 담당자를 통해서만 이야기를 하겠다고 통보해 왔다. 한편 지역 담당자들은 자신들이 공들여 쌓은 신뢰도가 낮아져 주민들로부터 압박을

그림 4-2a. (좌)공사 이전의 클리블랜드 자연미 부지 모습

그림 4-2b. (하)토착 화초로 꾸며진 화단과 새집이 있는 자연미 부지는 지역을 미화하고 조용한 사색을 제공하도록 설계되었다.

받았다. 우리는 공사가 끝나자마자 부지 설계 변경을 위해 일련의 새로운 주민 참여 프로그램을 시작했다.

두 번째 부지: 자연미

이 유휴 택지는 자산 가치를 배가하는 한편 조용한 분위기를 유지하고 싶어한, 대부분이 장년층의 주민들로 이루어진 거주지에 있었다. 조성 이전, 이곳은 단순히 잔디로 덮인 유휴지였다. 이번 조성의 콘셉트는 정적인 자연 공간으로서 장년층 주택 소유주에게 어필하면서 지역을 미화하는 것이 목적이었다(〈그림 4-2〉 참조). 필지 앞쪽에는 재생 포장석을 사용한 단단한 장식용 표면이 조성되었다. 옆의 빗물 정원은 이 표면과 필지 앞쪽의 유출수를 포집했다. 필지 앞에 벤치를 포함하려 했던 초창기 계획은 자칫 범행으로 이어질 수 있는 외부인의 무단 배회를 걱정한 주민들로 인해 폐기되었다. 필지에는 여러 장식용 그래스류, 장초형의 개화하는 광엽 초본, 관목, 새집으로 가득 찬 화단 네 개가 평행으로 놓였다. 필지 앞의 볼라드 울타리는 장식적 경계이자 불법 주차와 쓰레기 투기를 방지하는 이중 역할을 수행했다.

조성 후 3년이 지나도록 이 부지는 기존 설계와 거의 동일하게 유지되었다. 시간이 지남에 따라 평행으로 놓인 화단의 토착 식물 구성은 바뀌었다. 식재물이 빈 곳을 채웠고, 몇몇 장식용 화초는 다른 식물에 자리를 내주었다. 이 현상은 토착 식물로 식재를 하는 경우 흔히 예상되는 변화로, 주민들이 좋아하는 깔끔하고 다발로 심어진 모습을 유지하기 위해서는 관리가 필요하다. 또한 3년의 기간 동안 대부분의 새집은 비어 있었는데, 무뢰한에 의해 몇몇 새집이 말뚝에서 두 차례 떨어졌다. 따라서 미래의 설계 변경 작업에는 조성된 새집을 제거하는 것이 포함될 지도 모른다.

세 번째 부지: 포켓 공원

이 지역에는 어린아이들을 위한 놀이 기구가 거의 없다시피 했다. 보행 가능한 거리 내 공원이 없었고, 집 대부분은 장년층이나 임대 회사가 소유하고 있었다. 바로 북쪽에 있는 주택 단지는 건널목 없이 울타리로만 이 조용한 거주 지역과 분리되어 있었는데, 이곳에서 갱단 관련 문제가 보고되었으므로, 주민들은 청소년이 관심을 가지지 않도록 심하게 유치해 보이는 설계안을 요구했다. 기존의 유휴지는 단순했다. 수풀이 무성히 자라난 땅 한 조각으로, 손자들이 밖에서 놀 수 있는 공간을 원했던 장년층 거주민의 집과 아이가 있는 젊은 가족이 임차하고 있는 집 옆에 놓여 있었다.

이 놀이 공원의 최종 설계안에는 어린아이를 위한 그네 시설과 단순한 형

그림 4-3a. (좌)공사 전 클리블랜드 포켓 공원 부지

그림 4-3b. (하)그네, 평균대, 무대로도 사용할 수 있는 포장 구역으로 구성된 포켓 공원이 근처에 보행 접근 가능한 공원이 없었던 이 지역의 빈틈을 메꾸었다.

태의 철제 평균대가 포함되었다(〈그림 4-3〉 참조). 재생석으로 포장된 단단한 표면은 아이들이 한데 모여 공연하고 놀 수 있도록 반겨 주었다. 부서진 포장재와 고운 자갈로 만든 표면은 또한 청소년들이 내기 주사위 놀이를 하는 것을 미연에 방지하도록 설계되었다. 두 개의 벤치가 부모, 조부모, 장년층 주민들이 앉아서 아이들을 볼 수 있는 장소를 제공했다. 필지 뒤편, 태양광이 설치된 짧은 장식용 철제 펜스가 둘러쳐진 빗물 정원이 놓였다. 보도와 도로 사이의 시가 소유한 잔디밭 한 조각은 도로 유출수를 포집했다.

  시간이 지나 이 필지에서 변경된 부분은 주민의 안전과 미적 이유에서 필지 뒤편에 자연스럽게 자라난 잔디 부분을 깎은 것이다. 커다란 통에 공을 넣으면 바닥의 네 구멍 중 하나에서 공이 튀어나오는 초기 공놀이 시설 계획은 청소년들이 농구대처럼 사용할 것이라 우려한 주민들에 의해 반려되었다. 유사한 이유로. 원래 설계안에서 제시했던 타고 오르는 놀이돔은 유아가 타고 오르거나 청소년이 모일 수 있어 안전 문제로 설치되지 않았다.

이 부지가 어린아이들의 흥미를 끌면서 동시에 청소년의 관심을 끌지 않았다는 점에서 놀라운 성공을 거뒀다. 하지만 파괴적인 놀이도 행해지고 있음이 확인되었으며, 부지 설계 변경안에 큰 영향을 미쳐 결국 태양광 조명등과 설명 안내판은 철거되었다. 그네 사슬은 파손으로 혹은 고의적 절단으로 인해 여러 번 교체해야 했다. 많은 방문자가 밟아도 견딜 수 있도록 뒤쪽 빗물 정원의 식재는 옻나무로, 통행로 식재는 잔디로 교체되었다.

게리 시 프로젝트

게리 시 애트나 지역의 주민들은 조용한 주거 지역에 미적 요소와 수수한 레크리에이션 공간을 추가하고 싶어 했다.

첫 번째 부지: 마을 맞이 정원

게리 시의 경우, 애트나 마을 지역으로 들어가는 주요 도로에서 한 번만 꺾으면 – 공교롭게도 이름이 애트나 스트리트Aetna Street였다 – 겹겹의 낙엽으로 잘 보이지 않지만, 이스트 12가와 오클라호마 거리의 교차점에 창문이 나지 않은, 빨갛고 하얀 색의 장식이 달린 방갈로가 있었다. 이곳은 이 지역의 거주민 대부분이 기억하는 것보다도 더 오랫동안 비어 있었다. 적어도 15년에서 20년 정도였다. 현재 주민 중 그 누구도 이곳에 마지막으로 살았던 사람이 누구인지 기억하지 못했다. 이 집은 게리 시가 긴급구제기금의 지원을 받아 애트나에서 철거하려고 만든 긴 목록의 첫 번째 대상이었다. 이 빈집은 높이 자란 잡초와 목본 식물로 덮여 있었다. 이 집의 양쪽의 보도 옆으로 물푸레나무 호리비단벌레Emerald Ash Borer의 침입 흔적을 나타내는 높은 느릅나무들이 있었다.

그림 4-4a. (좌)'공터에 활기를' 프로젝트 실행 이전, 게리 시의 이 집은 15년에서 20년 가량 비어 있었다.

그림 4-4b. (하)마을로 들어가는 이 눈에 띄는 모퉁이에서 방문객은 애트나의 환영을 받는다. 각 알파벳이 작은 빗물 정원 위에 놓였다. 사진 출처: Cooley's Video

애트나는 게리 시보다도 오래된 지역이었지만, 방문객이 역사유산지구로 들어왔음을 알리는 경계 표지판이 없었다. 따라서 설계안은 자연스럽게 이 지역에 자긍심을 깨우치는 표지판으로 방향이 정해졌다(〈그림 4-4〉 참조). 동쪽에서 필지로 오는 차량은 다섯 개의 빗물 정원에 각각 놓인 목재 틀과 철제 타공판 위에 알파벳으로 A-E-T-N-A가 쓰인 다섯 개의 멋진 표지판을 보게 되는 것이었다. 고운 자갈이 깔린 소로가 각 표지판 옆으로 보도를 연결했다. 필지 옆의 약간 높은 언덕이 필지를 두 개의 작은 배수 지역으로 나누어 별도의 빗물 정원으로 이어졌다. 조성 후 3년이 지나서도 이 부지는 기존의 설계안과 매우 유사하게 유지되고 있다.

두 번째 부지: 담장 정원

그림 4-5a. (좌)빈집 뒤뜰의 장식용 콘크리트 담장이 설치된 정원 파티오는 여전히 좋은 상태였다.

그림 4-5b. (하)조성이 끝난 담장 정원 부지는 주민이 피크닉과 모임을 즐길 곳을 제공하며, 철거된 집의 터에는 빗물 정원이 있다(피크닉 테이블은 신청 시 게리 시가 설치해 준다). 사진 출처: Cooley's Video.

이 부지는 프로젝트 초반에 빈집이 있었던 두 필지 중 하나이다. 빈집들은 긴급구제기금으로 게리 시와 협력해 철거했다. 철거업자와 함께 작업하는 것의 장점은 기존 건물의 일부를 보존하여 지역 사회 혜택으로 돌아갈 수 있도록 하는 게 가능하다는 점이며, 그런 면에서 이 부지가 대표적인 사례라고 볼 수 있다. 집 뒤에는 교목, 화단, 장식용 콘크리트 블록 담장이 놓인 넓은 파티오 정원이 있었다. 이 요소들은 공공 정원과 피크닉을 위한 최종 설계안에 그대로 유지되었다(〈그림 4-5〉 참조). 화단의 반 정도가 빗물 정원으로 바뀌어 콘크리트 파티오의 빗물 유출수를 지하에 더 많이 저장할 수 있는 공간을 마련했다. 보도에서 파티오를 연결하기 위한 소로가 추가되었고, 필지 앞의 빗물 정원은 파티오와 완만한 경사의 잔디밭에서 나오는 추가 유출수를 포집했다. 빗물 정원 앞의 갓길이 유출수 흐름을 끊고 빗물을 포집했다.

필지 뒤에는 오래된 차고에 입구를 내기 위해 콘크리트 블록 담장이 뚫려 있었다. 차고 구조물은 집과 함께 철거되었지만 담장이 뚫린 자국은 남아 있었다. 철거 이후 필지 너머 도로까지 보이게 되자 건너편에 살고 있던 주민은 이 부분을 문제 삼았다. 그가 걱정한 것은 이 벽 부분이 대로에서 보행자를 끌어오는 장치가 되어 버리는 것이었다. 우리는 도로 간 연결을 유지하면서 시야에서 이 부분을 가릴 수 있는 여러 타협안을 논의했다. 먼저, 게리 시는 담장이 열린 부분에 자물쇠가 걸린 문을 달아 이후에 열 수 있는 권리만을 가지게 되는 방안에 동의했다. 이후 게리 시는 담장을 건설하는 것이 미래 철거 집행에 있어 비현실적 선례만을 남길 것이라는 점을 깨달았다. 대부분 필지 뒤편에 담장이나 울타리를 축조할 자금은 제공되지 않을 것이기 때문이다. 프로젝트 팀은 뒤편의 벽을 따라 접근이 쉬웠던 근접 필지와 해당 거리에서 일어나게 될 이후의 철거 계획을 검토한 결과, 이 부지를 원래 조성한 대로 유지하기로 결정했다.

세 번째 부지: 잔디 놀이터

모래 사구에 둘러싸인 애트나 지역의 남서쪽 모퉁이에서, 조용하고 제한된 접근성을 지닌 주택가로 끌려온 이 이동식 농구대는 보다 활동적인 놀이 공간에 대한 요구를 드러낸다. 애트나 지역에는 갱단 활동이 적었기 때문에 클리블랜드의 경우와 달리 농구나 배회하는 것에 대한 두려움이 적었다. 하지만 이곳에 다 허물어져가는 농구장이 이미 있었기 때문에 주민들은 상당한 유지 관리가 요구되는 어떤 공간 프로그램을 꺼렸다. 설계 과정 초반부터 주민들은 놀이와 사교에 어울리는 깔끔한 오픈스페이스에 끌렸다〈〈그림 4-6〉 참조〉.

이 부지의 계획은 도로를 자연 공간에 연결하는 동시에 넓은 놀이터를 제공하는 것이었다. 필지 뒤편에 지정된 자연화 구역은 여덟 개의 박쥐 집을 올려 놓을 공간을 제공한다. 피크닉 테이블을 놓기 위해 자투리 도로를 남겨 두었다. 하지만 게리 시는 부지에 테이블을 남겨 두고 훔쳐갈까 걱정하기보다, 한데 보관하고 필요시 무료로 배달을 해주기로 결정했다. 오래된 집 앞 차도는 집과 함께 철거되었으나 도로 경계석은 교체되지 않아 도로 유출수가 빗물 정원으로 흘러 들어가는 연결점이 되었다. 기존 부지 조건의 장점을 취하고 도로

그림 4-6a. (좌)발전소에 인접하고 접근이 제한된 주거지의 유휴지

그림 4-6b. (하)게리 시에 위치한 잔디 놀이터 부지에서 아직 남아있는 자투리 도로가 피크닉 테이블(요청에 따라 시가 배달한다) 자리 또는 놀이 공간이 되었다. 높이 위치한 박쥐 집이 있는 자연 공간은 그 너머에 놓인 언덕과 필지를 연결한다. 사진 출처: Cooley's Video.

그림 4-7a. (좌)버팔로 길모퉁이의 유휴지는 최근 새로운 벽화와 울타리 설치의 혜택을 받았다.

그림 4-7b. (하)흙과 식재를 더해 이 공간은 공공 토착 식물 정원으로 탈바꿈했고, 다른 지역 단위 도시 녹화 프로젝트에 식재를 제공하게 되었다.

낮춤경계석의 설치 허가를 구하는 과정을 우회한 것이다. 필지 앞에는 여유로운 규모의 빗물 정원이 부지를 감싸며 잔디 놀이터의 유출수를 포집했다.

버팔로 프로젝트

버팔로의 웨스트사이드 지역은 야외 양묘원을 지어 도시 내 녹지 공간 조성 및 유지 관리 가능 규모를 키우고, 동시에 핸드볼장을 더하고 모퉁이의 유휴지를 작은 공원으로 만들어 기존 녹지의 확장을 꾀했다.

첫 번째 부지: 양묘원

버팔로의 경우, 눈에 띄는 길모퉁이에 새로 생긴 야외 양묘원이 정적인 레크리에이션 공간, 마을 미화, 그리고 새와 곤충의 서식지를 제공한다〈그림 4-7〉

참조). 잔디가 깔린 이 주거용 필지는 '공터에 활기를' 아래 필지가 개발되기 얼마 전에 다채로운 벽화로 장식되기도 했다. 조성 후에 이 필지는 지속가능한 주거를 위한 시민 연대의 야외 양묘원으로 기능하고 있다. 부지에 많은 양의 우드칩을 놓아 잡초를 방지하고 별도의 물주기 없이 토양에 수분을 유지하도록 만들었다.

필지에서 가장 낮은 곳에는 노랑말채나무(학명 Cornus stolonifera는 땅밑 줄기를 통해 확장하는 떨기나무 관목)가 식재된 작은 빗물 정원이 있어 필지의 나머지 부분에서, 그리고 지붕 빗물 홈통 분리 기법이 적용된 옆집에서 빗물 유출수를 포집한다. 빗물 정원은 규모가 작은 데 비해(6×12피트) 상대적으로 넓은 표면적(4,900제곱피트)의 유출수를 수용하는데, 우리는 빗물이 내린 후 토양이 매우 빨리 마르는 것에 모두 놀랐다. 6피트 높이의 열린 수관을 지닌 말채나무는 토양에서 물을 빠르게 옮기는 것에 능하며 보도에서 필지까지 이어지는 시선축을 열어놓는다.

두 번째 부지: 핸드볼장

핸드볼은 벽에 손으로 공을 던져 치는 스포츠이며, 버팔로에서 인기가 많아 지속가능한 주거를 위한 시민 연대의 지역 주민들은 자신의 지역에 핸드볼장을 원했다(〈그림 4-8〉 참조). 버팔로 서쪽의 넓은 유휴지는 완만한 경사를 가지고 있었다. 조성 이전, 이곳은 도로와 해당 필지 뒤쪽 농구대로 들어가는 흙 포장 진입로 사이의 잔디가 무성한 곳이었다. 새로 조성된 핸드볼장은 필지 내 고지대, 즉 뒤편에 위치한다. 핸드볼장 앞에는 두 대의 피크닉 테이블과 스포츠와 각종 활동을 할 수 있는 넓은 잔디밭이 있다. 앞의 빗물 정원은 필지에서 나오는 유출수 대부분을 포집한다.

버팔로의 여느 빗물 정원이나 화단과 마찬가지로, 그리고 게리 시와 클리블랜드의 식재 공간과 대조적으로, 이곳의 빗물 정원은 단순하게 조성되어 오

그림 4-8a. (좌)버팔로의 빈 필지는 농구대 옆에 붙어있어 더 큰 공원을 만들 기회가 되었다.

그림 4-8b. (하)필지 뒤편에 핸드볼장이 조성되었다. 앞에는 피크닉 테이블과 빗물 정원으로 빗물을 모으는 완만하게 경사진 잔디밭이 있다.

직 몇 종의 화초와 한 두 종류의 사초, 그리고 그래스로 구성되었다. 지속가능한 주거를 위한 시민 연대의 유지 관리 담당 팀은 깔끔한 외관 유지와 잡초 제거를 위해 식재가 단순해야 한다고 주장했다.

이 장소를 포함한 버팔로 부지에는 유지 관리 담당자와 설계자가 설계 과정에서 매우 밀접하게 작업을 함께 했다. 주민들은 일반적인 부지 이용 방식의 설명을 도왔는데, 세부 내용은 유지 관리 담당 팀과 함께 정리했다. 어떨 때는, 예를 들어 나무 한 그루 심는 위치로 열띤 토론을 할 때는, 이 방식이 서로 힘겹기만 한 과정인 듯 느껴질 때도 있었다. 하지만 결과적으로, 이 세 부지 모두 조경 팀의 유지 관리 역량 내에서 조성되었다. 시간이 지났음에도 불구하고 이 부지 및 버팔로의 다른 부지들 모두 약간의 변경을 거친 것 외에는 그대로 유지되었다.

세 번째 부지: 모퉁이 공원

한눈에 보이는 길모퉁이에 위치한 이 프로젝트는 정적 레크리에이션 위주로 설계되었으며, 바로 인접 임대 시설을 위한 노상 주차 공간을 제공한다(〈그림 4-9〉 참조). 조성 전, 이곳은 장식 없이 잔디만 무성한 유휴지였고, 지역 주민의 보행과 자동차 이동이 잦은 교차로에서 눈에 거슬리는 공간이었다. 단순한 잔디밭의 한쪽 도로면에 잔디밭 길이에 맞춘 빗물 정원이 생겼다. 정원은 단순하게 장식되었는데, 장식용 나무 울타리 사이에 네 그루의 교목이 식재되었다. 필지 반대편은 투수성 재료로 포장된 주차 공간으로, 두 개의 화단과 필지 유출수의 반을 담당하는 작은 빗물 정원으로 둘러싸여 있었다. 이 부지는 작

그림 4-9a. (좌)버팔로 웨스트사이드의 혼합용도 구역 내 작은 유휴지가 길모퉁이에 위치했다.

그림 4-9b. (하)완공된 모퉁이 공원은 노상 주차 공간, 벤치, 그리고 양 옆의 두 집 지붕에서 내려오는 빗물까지 포집하는 작은 빗물 정원으로 구성되었다.

은 빗물 정원의 수용량이 여전히 비교적 큰 빗물 관리 역량을 지니고 있음을
보여주는 좋은 사례이다. 빗물 정원은 전체 부지의 유출수뿐만 아니라 빗물
홈통 분리 기법을 통해 양쪽 옆집의 지붕에서 내려오는 유출수의 반을 전체
면적 200제곱피트 이내 공간으로 포집했다. 조성이 지난 3년 후, 이 프로젝트
는 기존 부지 계획과 매우 유사하게 유지되고 있다.

조성과 유지 관리 과정에서 설계 변경

프로젝트 계획 단계에서 미처 예상하지 못했던 상황에 – 공급이 어려운 자재나 실
제 부지 조건 때문에 조경 업체가 요청한 설계 변경, 혹은 주민으로부터 온 피드백 등 – 대응하고자
'공터에 활기를' 조성 공간은 모두 부지 계획이 완료된 뒤 각각 다른 수준
의 설계 변경 과정을 거쳤다. 첫 설계 변경은 업체로부터 제안되었다. 자
재 주문을 하고 공사를 준비하는 과정에서, 우리가 업체로부터 들은 피드
백은 "그 식물은 올해 품절이 되었으니 다른 식물을 사용해야 한다", "그
암석을 다른 프로젝트에서 사용해 봤는데 최악이었다. 대신 사용할 수 있
는 게 무엇이 있는가" 등이었다.

변경된 설계의 세부 내용을 예상할 수는 없었지만, 설계 변경의 일반적
인 근거는 프로젝트 계획 단계에서 처음 도마 위에 올랐던 주민 피드백과
유사했다. 안전, 외관, 그리고 프로젝트가 의도한 바와 다른 방식의 사용
에 대한 우려가 3년의 조성 및 유지 관리 기간 동안 여러 변경 내용의 기
저에 깔려 있었다.

수급이 어려운 자재

식물이나 기타 설계 요소의 경우, 수급의 어려움이 종종 조성 과정에서 부
지 계획의 소규모 변경으로 이어졌다. 특히 토착 식물의 경우 대량 구매와
들풀 씨앗의 발아가 지닌 어려움 때문에 수량과 계절별 수급 안정성에 제

한이 있다. 설계자, 업체, 공급업자는 그 자재가 최초에 왜 선정되었는지 명확히 이해했을 때 수급이 어려운 자재에 대한 좋은 대안을 발굴할 수 있었다. 대체 요소와의 유사성을 외관에서 찾을 것인가, 아니면 기능으로 보는 것이 더 중요한가? 식물, 벤치 혹은 다른 시설에 대한 그 어떤 대안이라도 원 설계안에 제시되었던 선별 기준과 동일한 기준으로 평가될 필요가 있었다. 예를 들어, 제안된 대체 식물은 3장에서 설명한 원래의 식물 선별 기준을 바탕으로 고려되었다.

유지 관리 요구 사항

업체가 유지 관리 요구 사항을 줄이고자 설계안의 변경을 제안하는 때도 있었다. 이런 유형의 피드백의 경우, 비록 서로에게 피곤한 일이고 프로젝트 매니저의 개입이 필요한 때도 있었지만, 특정 유지 관리 업체가 설계자와 직접 작업하며 타협 가능한 선을 찾는 것이 큰 도움이 되었다. 가장 흔한 피드백은 업체의 지식 혹은 수행 가능한 수준 밖의 작업이 필요한 요소에 대한 것이었다. "봄이 오면, 우리 작업 인력으로는 동시에 피는 잡초 속에서 이 식물들 대다수를 구별할 수 없을 것"이라고 클리블랜드 유지 관리 업자가 알려 주었다. "식재를 단순화해야 한다." 식재 종류를 줄이고, 알아보기 쉬운 식물을 선정하고, 종에 따라 식물을 군식시키는 것은 유지 관리에 필요한 추측 작업을 줄이는 데 도움이 되었다. 토종 식재를 돌보는 경험이 부족한 관리 인력은 여름이 되어 생장하기 전까지는 잡초와 구별하기 어려울 수 있다. 대안 식재를 제안하는 다른 이유로는 병충해, 미관, 기후 혹은 지역적 조건으로 인한 생존의 어려움 등이 있었다.

멀칭 작업이 된 지역과 공격적으로 확장하는 식재는 부지의 유지 관리 요구 사항을 늘리는 또 다른 설계 요소였다. 멀칭은 점차 분해되었기에 매해 또는 격년 주기로 교체될 필요가 있었다. 또한 멀칭 층 아래 잡초 방제 직물의 장벽에도 불구하고 시간이 흐르자 잡초가 자라났다. 멀칭을 이동—삽으로 외발이 손수레로 퍼 올리고, 화단으로 옮기고, 땅에 쏟아 4~6인치 깊이로 퍼트리는 것—하는 것은 어려운 작업이어서 자원봉사자가 유지 관리를 담당하는 부지에는 너무 많은 노동을 요구하는 것일 수 있다. 식물의 크기를 유지하고 건강을 유지하기 위해 매년 자르거나 지상으로 뽑아 올려야 하는 식물이나 죽은 부분을 제거해야 하는 경우는 특수한 전문 지식, 중노동, 또는 둘 모두가 필요했다. 이런 상황은 시간의 경과에 따라 부지 설계 변경으로 이어졌다.

교목의 위치 선정, 그루 수, 종의 선택 등이 유지 관리를 둘러싼 논의의 주제였다. 버팔로의 경우, 설계자가 수직적 요소를 위해서 교목을 제안한 위치가 유지 관리 업체로서는 교목을 전혀 원하지 않는 곳이었다. 유지 관리 업체와 토지 소유주가 부지에 대한 장기적 책임을 지니고 있었기에, 그들의 요청에 따라 최종 계획에서 교목이 제거되었다. 클리블랜드의 경우, 유휴지 활용 프로젝트에서 교목에 대한 특수 유지 관리 요구 사항은 시 정부의 반대를 낳았다. 가지치기는 특수한 지식과 장비를 필요로 했으며, 낙엽 처리는 중노동에 비용도 많이 들었다. 이러한 이유로 '공터에 활기를' 프로젝트 설계안은 보통 교목 대신 관목, 광엽 초본, 그래스류를 선호했다. 하지만 빗물 관리를 포함해 도시의 교목이 제공하는 수많은 지역적 혜택에 관한 최신 연구 결과를 적용한다면, 교목을 한층 중요하게 고려해야 할 것이다. '올바른 품종을 올바른 장소에right species, right place' 두는 가이드라인—부지 조건에 따른 종 선정—은 설계가가 유지 관리 요구 사항에 민감하게 반응하면서도 교목을 포함시킬 수 있는 한 방법이다.

요소의 배치

조성 과정에서 업체들은 설계 계획 요소의 설치 위치를 조정할 필요가 있는 부지 조건에 맞닥뜨리곤 했다. 보통 이 조정이란 잔디깎기 같은 설비를 위해 요소의 간격과 위치를 바꾸는 등 단순한 것이었다. 빗물 정원의 정확한 위치를 조정하는 것과 같은 작업은 프로젝트 리더의 한층 긴밀한 관리 감독을 필요로 했다.

우리 설계팀은 유출수가 자연스럽게 포집되는 부지의 저점에 빗물 정원을 위치시키고자 했으나, 실제 수계가 예상과 다르거나 조성 과정에서 유출수 흐름 방향이 바뀌기도 했다. 빗물 관리의 차원에서 조경 공사 업체의 책임은 빗물 정원을 부지 계획에 가장 가깝게 조성하는 것이었지만, 동시에 유출수가 빗물 정원으로 모일 수 있도록 수계를 유지해야 했다. 이 부분은 조경 업체에게 있어 확실히 짚고 넘어가야 하는 부분이었다. 즉, 설계안을 그대로 따르는 것보다 기능적인 부분을 우선시 할 수 있었고, 해야 했다.

부지 선정 과정에서 프로젝트 팀은 빗물 관리를 위해 평지형 필지를 우선시 했다. 하지만 '공터에 활기를' 프로젝트의 후반부에 얻은 교훈은 필지가 전반적으로 작은 경사를 지니고 있을 때 빗물을 빗물 정원으로 돌리는 것이 더 쉽다는 점이었다. 매우 평평한 필지의 경우, 빗물이 작은 경사면에도 웅덩이를 만들기 때문에 조경 업체는 유출수가 빗물 정원에 도달할 수 있도록 해당 필지의 경사에 여러 미세한 조정을 가해야 했다. 이 작업에는 빗물 정원 주변의 표면을 만지고, 연결되지 않는 저점은 흙을 채워넣고, 유출수를 빗물 정원으로 흐르게 만들기 위한 배수로를 만드는 것 등이 포함되었다. 확실한 각도를 지닌 경사면이 있는 경우, 경사의 미세한 차이는 유출수의 포집량과 흐름에 크게 영향이 없었다.

기물 파손

계획 과정에서 드러난 기물 파손에 대한 대부분의 우려는 대부분 갱단 활동과 연관되어 있었다. 반면, 청소년은 세 도시 그 어느 곳에서도 그렇게 많은 문제를 일으키지 않았다. 한 가지 예외는 버팔로의 핸드볼장이었는데, 조성 직후 그래피티 낙서가 생겨났다(지속가능한 주거를 위한 시민 연대는 단체가 소유한 구조물 및 기구에 낙서를 하지 않도록 청소년 리더들과 직접 소통하는 방식으로 성공을 거둔 바 있다). 일반적으로 도시 녹화 부지에서 갱단 활동이 적다는 점은 지역 사회 구성원이 이 부지를 더 많이 사용함에 따라 이 장소의 불법적 사용을 저감시킨다는 연구 결과와 일치한다.

버팔로 프로젝트 부지의 경우, 지역 협력체는 던질 수 있을 만큼 작지만 창문, 자동차, 사람들에게 피해를 입힐 수 있을 만큼 큰 돌의 사용을 반대했다. 클리블랜드의 경우, 돌이 무기로써 활용될 가능성을 검토하고 나서야 돌 자재가 자연 놀이터의 요소로 허가받을 수 있었다. 우리는 작은 자갈로 만든 '강'을 자연 놀이터 설계안의 일부로 제안했는데, 버팔로 시의 피드백을 고려한 후, 조경가와 클리블랜드 주민이 추천한 돌을 사용해 보기로 했다. 그들은 버팔로의 교훈이 반드시 그들의 도시로 적용될 수 있는 것은 아니라고 느꼈다. 그 자갈은 토목섬유^{geotextile}로 만든 잡초 방제 직물 위에 깔렸다. 부지에서 놀던 아이들이 필지의 다른 구역으로 상당한 자갈을 옮겨 잡초 장벽 일부가 노출되기도 했다. 이후 유지 관리 업체가 잔디를 깎을 때 잔디깎기에 돌이 끼었다 날아가 부지를 유지 관리하는 인부에게 안전 문제를 일으킨다고 호소해 왔다. 이에 더해 어린아이들이 던진 돌멩이로 인해 인접 주택의 창문 몇 개가 깨지기도 했다. 조성 후 2년이 지나자 계속해서 던지고 옮겨지는 문제로 자갈을 완전히 제거하게 되었다.

그네 사슬도 쉽게 부서지고 그네 꼭대기 기둥에 돌려 묶인 채 발견되거나 끈이 절단되었다. 사슬이 망가지지 않도록 안전 커버를 씌웠지만 여러 지역의 협력 단체에서 그네에 대한 문제를 알려왔다. 그네와 자갈의 경우, 버팔로 협력 단체의 경고에 주의를 기울여 우리 프로젝트 부지에서 이런 요소를 사용하지 않는 것이 좋았을 것이다. 다른 지역의 교훈이 자신들의 마을에 적용되지 않을 것이라 생각했던 주민들의 믿음과 달리, 지역 사회 리더의 경험이 – 비록 다른 도시라 할지라도 – 결국은 더 정확했던 사례였다.

클리블랜드 프로젝트를 위해 제작한 표지판은 목재 틀에서 인쇄된 면을 벗겨낼 수 있다는 결함이 있었다. 아이들이 인쇄면을 벗겨낸 뒤, 프로젝트 팀은 클리블랜드의 모든 표지판 제작을 조정하도록 표지판 회사와 협력했고 모든 표지판을 교체할 수 있었다. 하지만 이 표지판 역시 벗겨져 제작사가 더 나은 해결책을 제시할 수 없자 결국 부지에서 제거되고 말았다.

또 보편적으로 나타나는 다른 기물 파손으로는 태양광 조명등의 손상이 있었다. 특히 어린아이들이 좋아하는 놀이 대상으로, 전구에 닿을 때까지 기둥을 올라타는 것을 좋아했다. 이에 대응하고자 전구에 안전 커버를 새로 장착하거나 제거했다. 계획 단계에서 주민이 가장 강력히 요청했던 것이 조명이었지만, 안전을 고려했을 때 부서진 태양광 조명등을 교체하는 것은 유지 관리 단계에서 주민들에게 높은 우선순위를 차지하지 못했다. 이처럼 도시 녹화 프로젝트에 대한 직접적인 경험은 주민의 우려에 영향을 미칠 수 있다.

어린아이들의 활발한 놀이를 위해 설계된 클리블랜드 부지의 경우, 파괴적인 놀이로 인한 기물 파손은 지속적인 문제가 되어 유효한 해결책을 찾는 것이 어려웠다. 잠재적 해결 방법으로 부지 재설계를 통해 아이들을 감독할 수 있는 보다 나이 든 방문객이 오도록 하거나 부지의 복잡함을 극적으로 감소시켜 모든 섬세한 부품을 제거하는 것이 있었다. 뛰어서 통과하기 어려운 옻나무와 같은 관목이 장식적 그래스나 초본 식물보다 더 오래가는 것으로 드러났다. 시간이 지남에 따라 아이들에게 더 다양한 장소를 놀이 공간이나 모임 공간으로 제공하면 하나의 부지에 가해지는 부담을 줄이고 파괴적인 놀이를 초래하는 지루함을 완화시킬 수 있다.

폐기물 투기와 쓰레기

우리가 작업한 게리 시와 클리블랜드 지역에서 유휴지에 폐기물을 투기하는 것은 흔한 현상이다. 폐기된 자동차 바퀴, 대형 가구, 공사 잔해—올바르게 폐기하는 것이 귀찮거나 비싼 것들 – 가 이 지역에서 가장 흔하게 투기되는 폐기물이다. 투기된 자재는 납, 석면, 또는 다른 오염 물질의 잔존 가능성을 높인다. 폐기물 투기를 줄이기 위해 우리는 가능한 경우 진입로 제거를 요청하거나 울타리를 설치하고, 필지의 도로면에 화단을 조성해 차량 접근이 어려워 보이도록 만들었다. 게리 시의 경우, 시 유지 관리 팀이 '공터에 활기를' 프로젝트 중 하나를 설치하면서 큰 규모의 인근 쓰레기 투기 장소를 시간 맞춰 청소했다. 외관의 극적인 변화와 더불어 볼라드 울타리나 다른 장벽을 통해 트럭 차량이 부지로 쉽게 접근하지 못하게 만드는 방법으로 두 부지에서 폐기물 투기를 줄이는 데 성공했다.

어린아이들의 활동적인 놀이를 위해 설계된 부지에서 쓰레기는 큰 문제였다. 클리블랜드의 필지에는 쓰레기통이 추가되었으며, 처음에는 쓰레기 봉투를 제공하되 매주 쓰레기가 골목에서 수거되도록 지역 사회에 도움을 구해야 했다(우리는 이 부지들이 쓰레기 수거차 운행 노선에 포함되도록 시 정부와 협력을 시도했지만, 성공적이지 못했다). 버팔로와 게리 시의 경우, 유지 관리 인력이 부지에 놓인 쓰레기통의 관리 책임을 맡았다.

빗물 홈통 분리 기법과 낮은 경계석

새롭고 실험적인 그린 인프라 프로젝트의 설계안은 종종 많은 지역에서 지역 협력체가 일반적으로 작업하는 기존 정책이나 방식과 충돌할 수 있다. '공터에 활기를' 조성 당시, 클리블랜드와 게리 시에는 그린 인프라로서 기존 빗물 정원 조성 사례가 있었지만, 도로와 건물의 유출수를 빗물 관리 시설로 우회시키는 프로젝트에는 경험이 많지 않았다. 따라서 이 도시들은 낮은 경계석과 지붕 빗물 홈통 분리 기법이 쉽게 적용될 수 있는 정책이 없었다. 이 도시에서 이런 장치의 성공적인 조성에는 기존 환경 조건을 최대한 활용하고 기존 규범 내에서 작업하는 방법밖에 없었다. 심지어 경우에 따라서는 우리가 설계안의 이런 요소를 포기하고 부지 내 유출수의 빗물 관리로만 만족해야 했다.

초기 '공터에 활기를' 설계안은 부지 옆의 집에 세워진 모든 위치에 빗물 홈통을 분리했다(적은 프로젝트 예산으로 인해, 차량 진입로로 인해 필지로부터 분리된 집의 경우는 기존 불투수성 표면 아래로 구멍을 뚫는 비용을 피하고자 제외되었다). 결국 버팔로의 두 부지에서만 빗물 홈통을 분리할 수 있었다.

클리블랜드와 게리 시의 공무원은 합류식 하수 시스템에서 지붕 빗물 홈통을 분리하는 것에 대한 공식적인 시 조례나 정책이 없다는 이유로 빗물 홈통 분리 계획에 허가를 내주지 않았다. 또한 장기적으로는 개인이 소유한 필지에서 시유지로 빗물을 우회시킨다는 점이 법적 책임과 유지 관리 측면에서 우려를 낳았다.

비록 버팔로가 빗물 홈통 분리에 대해 공식적으로 정책을 시행하고 있지 않았지만, 토지 소유주 문제는 매우 명확했다. 두 경우 모두 지속가능한 주거를 위한 시민 연대가 임대 프로그램을 위해 빈 터와 옆집을 소유하고 있었기 때문이다. 따라서 비투수성 표면에서 유휴지로 빗물을 우회시키기 위한 빗물 홈통 분리는 필지 간 토지 소유주가 일관된 경우 법적 책임, 유지 관리, 토지 소유 측면에서 가장 용이했다. 유휴지로 빗물 홈통 분리를 연결하는 향후 프로젝트가 있다면, 다중 소유주에 관한 명확한 정책이 없는 경우, 우리 프로젝트 팀은 한 소유주가 여러 필지를 갖고 있는 곳에서 프로젝트를 진행할 것이다.

또한 '공터에 활기를' 설계안은 기존의 경사면이 유출수 흐름에 적절한 경우, 낮은 경계석 설치를 통해 도로 유출수를 빗물 정원으로 우회시켰다. 낮은 경계석은 9개의 필지 중 게리 시와 클리블랜드에 각각 2개씩, 총 4개의 필지에 계획되었다. 클리블랜드의 경우, 이 지역의 특징 중 하나는 녹지(이 지역에서는 '교목 잔디밭'으로 부른다)로부터 도로를 분리하는 도로 경계석이 겨우 1인치 높거나 어떤 곳에서는 도로와 같은 높이라는 점이다. 때문에 통행 구간에 낮은 경계석으로 빗물 정원을 설치하는 것에 허가가 필요하지 않았다. 경계석에 변화를 주거나 하수처리 시스템에 연결되지 않았기 때문에 일반적인 조경 규정 안에서 작업이 가능했다. 이 경우 기존 환경 조건의 장점을 살리는 방식으로 우리는 기나긴 승인 과정(6~12개월)을 피해갈 수 있었다. 하지만 그래스류와 초본이 심어진 통행 구간의 빗물 정원은 곧 보행자와 차량으로 밟혀 뭉개지고 말았다. 통행 구간의 빗물 정원에 식재된 식물들은 이후 잔디 씨앗으로 교체되어 가시적인 빗물 관리 기능이 모호해지긴 했으나 빗물의 포집이라는 근본적인 기능을 유지할 수 있었다.

게리 시의 경우, 경계석이 없는 기존 진입로에 빗물 정원이 설치되었다. 이곳 역시 허가가 필요하지 않았다. 게리 시의 두 번째 부지의 경우, 우리는 시 정부 내 빗물 및 하수 담당자와 경계석 위치를 보고 빗물 정원을 도로에 연결할 수 있도록 실제 낮은 경계석의 설치 가능성을 검토하는 것을 논의했다. 시에서는 낮은 경계석을 설치할 경우 차량이 회전할 때 경계석 위로 올라갈 수 있는 위험에 대한 우려를 표하며 허가를 거부했다. 게리 시에서 설계 변경과 추가 낮은 경계석 설치 사례가 있었다면, 이런 우려 속에서도 작업을 진행할 수 있었을 것이다. 하지만 시간적 제약으로 인해 이곳에서 더는 낮은 경계석을 주장하지 않기로 했다.

주민의 민원

계획 단계에서 많은 주민 참여 프로그램을 진행했음에도, 프로젝트가 조성된 후 몇몇 부분은 주민의 불만족을 낳았다. 우리는 지역 사회 구성원이 프로젝트 부지를 사용하는 방식과 부지의 외관에 대한 민원을 받았다. 이 단계에서 주민 민원을 해결하기 위한 주민 참여 과정은 계획 단계 때와 다른 주민들로 구성했다. 이런 민원은 주로 부지와 매우 가까이 살고 있는 주민이 제기했다. 그들은 보통 부지 인근이나 길 건너에 살고 있었다. 민원을 제기한 주민들 몇몇은 계획 단계에서 선택으로든 상황적으로든 주민 참여 프로그램에 참여를 하지 않았었다. 다른 곳에 거주하지만 부지 근처에서 많은 시간을 보내는 대가족 구성원들이—보통 나이든 주민의 성인 자식들이었다— 민원을 제기할 때도 있었다.

어린아이들을 위한 놀이 기구처럼 보다 활동적 레크리에이션을 위한 공원들의 경우, 소음과 쓰레기에 관련된 민원이 가장 많았다. 유사하게, 울타리 타고 오르기와 같은 어린아이들의 장난이나 부지와 붙어있는 필지의 마당으로 놀이가 확장되는 등의 문제에 대한 민원도 있었다. 그네가 설치된 클리블랜드의 두 프로젝트 부지 중 한곳에서는 장년층 주민의 성인인 딸이 옆집 아이들의 소음에 대한 민원을 넣었다. 아이들이 자기 어머니 집 울타리를 타고 오를 때도 있고 완전히 넘어와 뒷마당을 뛰어다니기도 한다는 것이었다. 이 상황에 대한 타협안으로 필지를 유휴지로 돌려놓기를 요구하며, 최소한 공터는 조용하기라도 해야 할 것이라는 의견을 냈다.

하지만 더 나은 울타리를 설치하는 것으로 어머니인 주민과 직접 이야기를 나누자, 오히려 아이들은 문제가 안 되며 부지 역시 나쁘지 않다는 답변을 주었다. 이 가족을 잘 아는 이 지역 리더에 의하면, 진실은 그 중간 어디쯤에 있을 것이라 판단되었다. 어머니는 귀가 잘 들리지 않아 소음에 덜 예민했지만, 부지의 그네에서 놀다가 돌아다니는 아이들은 이 옆집에 분명 문제를 일으켰다. 이런 경우, 우리는 어머니와 딸 사이에 끼어버리고 만다. 딸은 더 나은 울타리를 고집했지만, 어머니의 경우 – 이분이 집 소유주였다 – 울타리 설치를 허가해 주지 않았다. 결국 울타리는 설치되지 않았고, 민원 역시 시간이 지나며 줄어들었다.

부지의 외관에 대해서는 잔디 깎기 일정 사이에 잔디가 너무 자라면 민원이 들어오고는 했다. 보다 자연스러운 모습을 가지도록 설계된 부지의 경우 유지 관리가 필요 없는 잔디를 사용하고 높이 자라나는 들꽃 식물을 사용했는데, 이런 민원은 흔한 것이었다. 민원으로 인해 주민들이 빗물 정원에서 식물을 제거하는 상황까지 치닫게 된 경우가 두 번 있었다. 한 번은 게리 시의 담장 정원 부지 앞의 빗물 정원에서 식물을 뽑아낸 남자를 인터뷰할 수 있었는데, 그는 '너무 많은' 식물이 심어져 있어서 뽑았다고 답했다(그는 또한 필지 뒤편의 연결 접근성에 대해 불만을 표시했으며, 주민 참여 계획 과정에 참가하지 않았었다).

클리블랜드의 활동적 놀이터 부지는 가을에 완공이 되었는데, 어느 날 방문해 보니 빗물 정원의 높이 자란 토착 식물이 뿌리까지 뽑혀 필지 뒤편에 깔끔하게 쌓여 있었다(〈상자 4-1〉 참조). 파란색 고무장갑이 식물 근처 잔디 위에 버려져 있었다. 우리는 책임을 물을 사람을 찾을 수가 없었고, 왜 이런 행동을 했는지도 알 수 없었다. 위치나 이 지역에서 나온 다른 피드백을 고려했을 때, 그 사람이 식물의 외관을 좋아하지 않았거나 부지를 이용하는 아이들에 대한 고려 차원에서 안전상 위험물이라고 인식되는 식물에

날짜: 2015년 10월 30일, 오후 4:44:26 미 동부 시간
발신인: 라이언 맥킨(Ryan Mackin)
수신인: 산드라 알브로(Sandra Albro)
제목: 부지 업데이트

크레스트우드Crestwood: 안타깝게도 누군가 부지 뒤편의 식물 전부를 뽑아내 버렸습니다. 지그재그형 울타리 너머, 그리고 빗물 정원에 심겨 있던 것들입니다. '재미있는 놀이'의 모습이 나온 사진을 첨부합니다. 보시다시피, 식물은 모두 뒤편에 나란히 쌓여 있었고 빗물 정원은 현재 아무런 식재도 되어 있지 않습니다. 비록 이번 여름에 그렇게 잘 자란 것 같아 보이지는 않았지만요. 동네 아이들이 그랬다고 생각되는데, 뒤에서 고무장갑을 찾았습니다. 만약 이 고무장갑이 사용된 거라면 어른이 한 것일 수도 있다고 보여집니다. 또한 '깔끔하게' 정돈되어 있다는 점에서 의심이 가지만, 결국 아이들이 했다고 여기는 것이 더 낫겠다고 생각합니다.

대한 우려 때문이었을 것이라 짐작된다.

프로젝트 부지의 외관에 대한 민원이 좀 더 심각한 경우도 있었다. 이는 우리가 지역 사회에서 쌓아올린 신뢰를 손상시켰고, 경우에 따라 프로젝트 팀의 개입이 필요하기도 했다. 클리블랜드의 경우, 우리는 조성 이후 계속되었던 주민들의 부정적인 피드백에 대응하고자 자연 놀이터 설치물의 상당 부분을 보완했다. 주민들은 실제로 잘 구현되지 못한 원래의 설계안이나 유지 관리 과정에서 드러난 문제로 인한 부지의 외관에 매우 실망했었다. 조성 이후, 부지 설계안에 균형 있게 포함되어 있었던 놀이용 통나무와 타이어 벤치가 부지에서 눈에 확 띄는 요소로 나타났다. 이 지역 곳곳의 쓰러진 나무와 버려진 타이어와 매우 흡사한 모습을 가졌기에 그냥 넘어갈 수 없었다. 이 요소들도 이후 제거되었다. 같은 맥락에서 이 부지에 조성된 잔디 놀이 언덕 역시 시간이 지나자 눈엣가시로 느껴져 결국

제거되었다. 평지에 비해 잔디 깎는 것도 힘들고 빨리 말라버리곤 했다. 특히 무덥고 건조했던 여름 이후, 부지에 심은 잔디가 죽고 시간이 지나며 노출된 토양의 상당한 부분이 잡초로 덮었다. 잔디가 심겨있든 아니든, 부지에서 폐기물을 치우고 경사면을 조정하도록 강제하는 조례가 있기 전 옛 주택 철거지에서 흔히 볼 수 있었던 언덕이나 구덩이를 연상시켰다. 결국 흙 언덕은 제거되고 부지 전반의 경사가 완만하게 조정되었다.

마지막으로 보완이 필요했던 자연 놀이터 부지는 잔디 놀이 언덕 주변으로 강 형태의 자갈 저지대였다. 어린아이들은 동그란 강가 자갈을 던지는 것을 좋아해 이 부지 주변의 자동차에 던져 흠집을 내고 주택 창을 부쉈다. 이는 버팔로와 오하이오 동북권 하수도 구역에서 아주 고운 자갈이나 대형 암석을 도시 녹화 프로젝트에서 장식적으로 사용하는 것 이외의 모든 것은 매우 지혜롭지 못하다는 경험과 일치했다. 프로젝트 팀은 인근 주택의 유리창을 교체하고 자갈을 멀칭으로 바꾸었다. 이후 멀칭 습지대는 또 변경되어 잡초 억제에 유리한 잔디밭이 되었다.

돌이 놓인 습지를 대체할 것을 찾기 위한 또 한 차례의 주민 참여 프로그램이 시작되었다. 이 시기 우리는 이미 클리블랜드의 그네가 설치된 또 다른 부지에서 피드백을 받은 상태였고, 그네가 소음 관련 민원을 꽹장히 많이 만든다는 것도, 그네의 사슬 줄이 주기적으로 교체되어야 했다는 것도 알고 있었다. 우리가 사유지에 그네 설치를 중단한 버팔로나 클리블랜드 메트로파크Metroparks에서 받은 피드백과 일치하는 내용이었다. 지역 사회 block club에 다른 방안을 고려해보길 추천했으나, 그들은 단호하게 아이들을 위한 그네 설치를 원했다. 원래의 프로젝트 설계안으로 인해 받은 상처를 위로하고자 우리도 결국 동의했다. 그러나 시간이 지나며 크레스트우드의 그네와 유사한 문제가 일어나기 시작했다. 아이들이나 다른 사람들이 그네 기둥에 그네를 묶어놓거나 사슬을 끊어가 수리가 될 때까지 무용지물로 만들었다. 따라서 그네는 상당 기간 작동하지 못하곤 했다.

결국 프로젝트 개선안은 풀이 자란 필지 위의 그네, 공원 벤치, 식생 저류지로 유지되었다. 단순하고 기능적이지만, 원안처럼 혁신적이지는 않았다(〈그림 4-10〉 참조).

포용성

조성 이후, 게리 시의 두 부지에서 소로에 파쇄석을 사용하면 미국 장애인 표준 디자인 규격ADA[1]에 따라 접근하지 못한다는 것을 인지하게 되었다. 파쇄석의 장점은 빗물 유출수가 쉽게 투과된다는 점이다. 하지만 이 돌은 계속 움직여 휠체어나 유모차를 타고 지나가기 어렵다. 폴리머 등 돌을 안정시키기 위한 다른 방안을 강구했지만, 여러 대안을 검토한 결과 구매하고 설치할 알맞은 가격대의 제품을 찾지 못했다. 비용을 고려한 결과, 게리 시는 부지를 그대로 두는 대신 향후 도시 녹화 프로젝트에서는 미국 장애인 표준 디자인 규격을 따르는 소로를 조성하기로 했다.

클리블랜드의 필지에서도 역시 미국 장애인 표준 디자인 규격이 고려되지 못했다. 그네가 설치된 필지의 경우, 도로변 보행로에서 공원 벤치까

그림 4-10. 클리블랜드의 자연 놀이터 부지는 이후 통나무와 타이어 벤치 대신 그네와 공원 벤치가 추가되도록 보완되었다.

지 규격에 따른 보행로를 조성했다면 장년층 주민이 함께 살거나 방문하는 어린아이들을 돌보기 쉬웠을 것이다. 전반적으로 미국 장애인 표준 디자인 규격은 유휴지 활용 프로젝트와 빗물 관리 요소에서 종종 간과된다. 이런 프로젝트에서 투수성 포장도로는 주민의 접근성을 높이고 동시에 빗물 관리와 지속가능성을 위한 다른 프로젝트 목표에 도달하는 한 가지 방법이다.

양묘원

많은 도시에서는 도시 녹화 설비에 적합한, 신뢰할 수 있고 가성비 좋은 식물자재 공급원을 찾기 어렵다. 토착 식물과 기타 특수 식물은 공급과 씨앗 발아의 어려움 때문에 한 지역에서도 소수의 재배원에서만 제공된다. 많은 수의 도시 녹화 프로젝트를 실행하거나 유지 관리하는 기관의 경우, 또는 이런 단체가 존재하는 도시의 경우, 양묘원을 짓는 것이 비용과 공급의 문제를 해결하는 데 도움이 된다.

우리는 지속가능한 도시 녹화 프로젝트에 맞는 토착 혹은 기타 식물을 제공할 지역 내 공급원이 없는 경우, 도시 양묘원을 짓는 것이 실용적이고 가성비 있는 도시 녹화를 규모 있게 운영하기 위한 지역 역량 개발의 중요한 부분이라고 생각한다. 양묘원은 종다양성 차원에서 중요한 토착 유전자를 보존하는 데 도움을 준다. 양묘원의 자본 손실은 정당한 일이다. 양묘원 하나당 들어가는 약 14,000달러의 건설 비용은 동일한 지역 사회에 건설된 '공터에 활기를' 프로젝트에 들어간 식재 비용과 거의 동일했다. 비용이 가장 큰 제한 요소가 아닌 경우가 많지만 양묘원은 지식이 많은 원예 전문가를 필요로 하며, 이런 전문가는 거의 없다.

지속가능한 주거를 위한 시민 연대는 운 좋게도 경험 많은 원예 전문가를 직원으로 두고 있었고, 버팔로에서 양묘원을 설계하고 건설하는 과정을 크게 단순화하는 데 도움이 되었다. 그들의 양묘원은 어디서나 적용될 법한 하나의 양식으로 활용 가능하다. 버팔로 '공터에 활기를' 프로젝트 한

곳의 일부가 된 야외 양묘원에 더해, 지속가능한 주거를 위한 시민 연대는 지역의 또 다른 유휴지에 거대한 비닐하우스를 지었다(4,000달러 상당의 규모). 이 비닐하우스는 밀워키의 윌 알렌Will Allen의 다층 구조 비닐하우스 시스템에서 영향을 받았다(〈그림 5-2〉 참조).[2] 비닐하우스 한쪽에서 유출수를 우회시키는 뚜껑이 달린 빗물 홈통은 빗물과 눈 녹은 물을 외부 물탱크로 돌려 일 년 내내 식물을 키우는 데 필요한 충분한 물을 공급했다. 내부의 물 저장 탱크에 개구리밥과 피라미minnows를 키워 고인 물에서 모기 유충이 자라는 것을 방지했다. 배터리로 가동되는 펌프를 통해 물 저장고에서 물이 넘쳐도 되는 키높이 화단과 식재를 위한 물 저장고로 주당 두 번 물을 이동시킨다. 다른 방식으로는 관수 시스템에 그리드 혹은 태양열을 사용해 포집된 물을 비닐하우스로 펌프할 수도 있다. 허리 높이의 탁자 아래에는 지렁이를 사용한 퇴비 통이 있다. 식재에 쓸 유기 재료를 공급하고 겨울이면 비닐하우스에 약간의 보온 기능을 제공하는 방법이다. 또한 굵은 삼베 포대로 만든 매트는 느타리버섯을 키우기 위한 것이다. 빗물 정원과 밭에 식재를 할 때, 이 삼베 포대를 토양과 멀칭 층 사이에 깔아 식물 정착에 도움을 주는 균사체로 식물에 접목한다.

양묘원은 적절한 가격의 식재를 구할 수 있는 생태적으로 지속가능한 방법일 뿐만 아니라 지속가능한 주거를 위한 시민 연대가 도시 녹화 프로젝트에 사용하는 식물 종류와 재배 품종을 선정할 수 있도록 해준다. 또한 원한다면 양묘원은 식물을 판매해 이윤을 남길 수도 있다. 비닐하우스는 버팔로의 '공터에 활기를' 프로젝트 중 하나로 지어진 야외 양묘원과 함께 운영된다. 야외 양묘원이 이 지역의 기후적 조건이 가진 장점을 활용해 식물 재배에 들어가는 노력을 줄이는 대신, 봄이나 가을에만 다른 장소로 옮겨 심을 수 있다. 대조적으로, 비닐하우스는 포트에 들어 있는 식물을 제공해 이동이 쉽고 재배 기간 중 언제라도 이식될 수 있다.

게리 시 정부에는 정부가 운영하는 공원 관리 부서에서 공통적으로 요구하는 양묘원에서 일한 경험이 있는 직원이 없었다. 게리 시는 양묘원을 만들 수 있는 기금이 마련되어 있었지만, 프로젝트 협력 기관이 유지 관리를 하고 사용할 역량이 충분하지 않았다. 프로젝트 일정 후반에 가서는 에머슨Emerson 지역 근처 교회가 청소년을 위한 도시농업 교육 프로그램을 기획하기 시작했다. 우리는 식물 재료 중 일부가 '공터에 활기를' 및 기타 지역 녹화 프로젝트에 사용된다는 협의 아래 그들의 프로그램을 확장할 수 있도록 지원했다.

클리블랜드의 경우, 우리는 프로젝트 일정 내에 도시 양묘원을 운영할 역량이 있는 프로젝트 협력 기관이나 지역 사회 단체를 마지막까지 찾지 못했다. 프로젝트 초반, 양묘원은 클리블랜드 식물원의 녹색단 도시농업 교육 프로그램의 확장 계획의 일부였다. 확장 계획은 식물원이 홀던 수목원Holden Arboretum과 합병해 '홀던 숲과 정원Holden Forests & Gardens'이 된 뒤 바뀌고 말았다. 클리블랜드의 다른 지역 단체는 양묘원을 운영할 만한 내부 전문 인력을 갖고 있지 않았다.

클리블랜드의 식물 재배 작업의 사업 모델 역시 차이가 있다. 이곳에서 도시 녹화 프로젝트는 지자체의 여러 기관과 부서로 쪼개져 있고, 그중 몇 개만이 식물을 자급자족할 수 있을 정도의 규모로 식물을 구매한다. 이에 더해 클리블랜드는 도시에서 한 시간만 운전해 나가면 탄탄한 양묘 산업지가 있다는 장점을 누리고 있다.

2018년, 클리블랜드의 몇몇 지역 사회 단체는 도시 양묘원을 짓는 것에 대해 함께 논의하고 있다. 기후 적응력, 유휴지 활용, 지속가능성, 도시 나무 그늘tree canopy에 관해 계속된 지역 단위의 대화를 고려했을 때, 미래에 양묘원이 지어질 가능성이 높다.

실행에서 얻은 교훈

프로젝트 계획 단계(3장에서 다루었다)에서 얻은 주민 참여 교훈은 조성이나 유지 관리 단계까지 계속해서 '공터에 활기를' 프로젝트 팀에 유용했다. 주민들은 도시 녹화 프로젝트의 사회적 혜택을 저해하거나 지역 안정성에 문제를 야기할 잠재적 문제에 있어 도움이 되는 정보원이었다. 주민의 도움이 장점으로 작용한 한 사례는 아홉 개의 '공터에 활기를' 부지에서 모두 보여진 것으로, 계획 단계에서 많은 노력을 필요로 한 잠재적 문제에 관한 것이었다. 즉 청소년이 이 부지를 마약, 도박, 또는 기타 원하지 않는 활동에 쓴다는 것이었다. 이런 활용 가능성을 줄일 수 있는 프로그램이나 설계에 대한 주민들의 조언을 통해 이런 문제가 심각한 수준으로 표면에 드러나지 않도록 아홉 개의 프로젝트 부지를 조성할 수 있었다.

하지만 주민들의 인식에도 한계가 존재했다. 주민들의 압도적인 지지를 받은 두 클리블랜드 부지의 그네는 다른 도시의 지역 협력 기관의 경고에도 불구하고 진행되었으나, 결국 그 경고가 옳았음이 증명되었다. 주민들이 실무자 옆에서 도시 녹화에 대해 배워갈수록, 특히 최근 투자가 더뎠던 지역의 경우 다른 지역에서 얻은 교훈으로 주민의 지식 수준을 향상시키는 것이 도움이 될 수 있다. 웨스트사이드에서 여러 유휴지 재활용 프로젝트가 진행된 버팔로의 선례는 클리블랜드와 게리 시에 도움이 되었다. 이에 더해 지역 담당자는 조경가가 지역에 대한 주민의 지식과 외부로부터 오는 정보의 균형을 맞추는 것을 도와줄 수 있었다.

다음의 두 시사점은 '공터에 활기를'처럼 두 가지 유형의 유휴지 재활용 전략이 하나의 프로젝트로 층층이 쌓인 상황에서 일어날 수 있는 잠재적 갈등을 보여준다. 먼저, 매우 활동적인 놀이를 위한 프로젝트는 종종 주민 민원과 유지 관리 문제의 원인이 되었다. 한 가지 예외로 버팔로에서 성공적이었던 핸드볼장은 매우 넓은 유휴지의 뒤편을 차지했으며, 빗물 관리 요소와 명확히 분리되어 있었고, 기존 농구장과 필지가 인접해 있었다. 일반적인 유휴 택지의 작은 경계 내에서는 정적인 레크리에이션이 빗물 관리 설비나 근처 주택과의 인접성을 고려했을 때, 보다 적절한 토지 이용 방안일 수 있다.

두 번째로, 지역 안정화를 위한 도시 녹화와 빗물 관리를 위한 그린 인프라 사이에 근본적인 충돌이 있을 수 있다는 점이다. 주민 참여 과정은 주민에게 도시 녹화 프로젝트에 대한 일종의 주인 의식을 심어 돌봄 의식 stewardship, 유지 관리, 그리고 프로젝트에 대한 지지를 자아내고자 한다. 하지만 유휴지가 지역에서 빗물 관리 인프라가 되면, 전력이나 도로 인프라처럼 빗물 관리 기능에 대한 책임은 모두 토지 소유주나 하수 및 빗물 당국에 이양된다. '공터에 활기를'에서 보았듯, 충돌이 일어나는 것은 빗물 정원이 지역 사회에서 특정 공간을 할당받는 상황에서 그 목적을 지지하지 않는 주민이 빗물 정원에 개입하기 때문이다. 이런 분쟁은 지역 사회의 주민 인구의 취향에 따라 그린 인프라를 적용하고 공유된 주인 의식을 강조하는 주민 참여를 통해 최소화될 수 있다.

도시 녹화 프로젝트 조성 단계에 위협이 되는 프로젝트 협력체의 연속성 부재라는 문제는 각 이해관계자의 책임, 프로젝트 일정, 기대되는 소통 수준이 명확하게 명시된 공식 계약서를 통해 감소될 수 있다. 심지어 계약서를 작성하는 과정도 기관 내 다양한 연락책을 확인하고 기관의 결정권자들이 이 협력 사항에 동의하고 있는지를 확인하는 데 유용하다. '공터에 활기를'에서 프로젝트 협력 기관과의 서면 협의서는 단 한 번도 법적 문제로 드러난 적이 없지만, 상호 이해관계자가 필요시 지원을 요청할 수 있도록 프로젝트 협력 정도를 명확하게 정하는 데 유용하다는 것이 증명되었다.

마지막으로, 실무자들이 계속해서 도시 녹화 프로젝트 우수 사례를 만들어 나감에 따라, 이러한 프로젝트의 불확실성이 늘어나므로 평소보다 긴급 사태 항목에 많은 프로젝트 예산을 배정하는 것이 현명할 것으로 보인다. 조경 공사 업체는 종종 프로젝트 예산의 10%를 미처 예상 못 한 상황을 위해 긴급 사태 항목으로 빼놓을 것을 추천한다. '공터에 활기를' 프로젝트 설계 변경은 — 물론 선택적이었고 이 프로젝트에 있어 중요한 배움의 기회였다고 여겨졌지만 — 자연 놀이터 공사 비용의 50%까지 범위가 조정되었다. 나머지 여덟 개의 프로젝트의 경우, 병든 수목 제거나 필지 경계 측량조사 등 미처 예상하지 못한 문제를 해결하고 많은 추가 위험에 대한 방어책으로 20%의 긴급 사태 항목이 사용됐을 것이다. 제안된 긴급 사태 비용은 장기간에 걸친 필지 선택 과정의 유무에 따라 달라지는데, 이는 값비싼 복원이나 이전이 필요한 지하 저장 탱크나 땅속에 묻힌 건설 폐기물 등과 같은 유휴지의 공통적인 문제의 위험성을 경감시키는 중요한 요소이기 때문이다.

---

1. 미국장애인법(Americans with Disabilities Act)의 2조에 따르면 정부는 장애를 가진 사람이 접근할 수 있는 프로그램과 서비스를 만들어야 한다고 명시되어 있다. 이 규정은 모든 프로그램에 해당되지만 도시 녹화 프로젝트와 연관되어 논의되는 경우는 거의 없다.

2. Will Allen and Charles Wilson, *The Good Food Revolution: Growing Healthy Food, People, and Communities* (New York: Avery Publishing, 2013).

5장
도시 녹화 프로젝트의 유지 관리

도시 녹화 프로젝트의 유지 관리는 현장을 물리적으로 관리하는 수준을 넘어서는 개념이다. 그것은 프로젝트를 어떻게 관리해야 하는지에 대한 지역적 지식 구축, 녹색 공간 구축 정책을 지원하기 위한 시스템 수립, 일자리 창출 및 도시 내 녹지 공간이 어떻게 보여야 하는가에 대한 기대의 변화 등이 포함된다. 이러한 변화를 위해, 유휴지 및 인프라 문제를 야기한 과거의 프로세스를 인식하고, 물리적 유지 관리 요구 사항 및 안정화를 위한 지역사회의 요구에 대한 현재 이슈를 살펴보며, 보다 건강하고 탄력적인 지역사회 구축을 위해 필요한 변화를 기대할 수 있는 다각적 시야가 필요하다.

공정한 도시 그린 인프라 구축을 위해서는 시범 프로젝트를 빠르게 전환하여 의사 결정을 간소화할 수 있는 최적의 실천 사례를 수립할 필요가 있다. 또한 최적의 실천 사례에는 확실한 가정하에 구축된 확고한 기반이 필요하다. 이 장에서는 '공터에 활기를'과 같은 도시 녹화 프로젝트의 유지 관리 요구 사항에 대해 검토해 보고자 한다. 우리는 지역 사회가 어떻게 유지 관리 역량을 구축하고 추가 고려 사항을 탐색하였는지 사례를 통해 논의하고자 한다. 이러한 논의는 대상지의 물리적 관리를 넘어서 도시 녹화 실천 시 지역 사회의 선의와 신뢰를 구축하기 위한 것이다.

그린 인프라 전문가 네트워크
그린 인프라 시행 초기 단계에서는 잠재적인 그린 인프라 프로젝트 협력체의 확인이 어려운데, 이는 도시마다 그린 인프라 프로젝트에 필수적인 협력 기관 및 개인의 직업 유형이 매우 다양하기 때문이다. 이는 지역 간 그린 인프라 실행 방식의 복제를 어렵게 하는 원인이기도 하다. 그러나 도시 녹화 프로젝트 협력체가 수행해야 할 기능적 역할은 상대적으로 표준화되어 있기 때문에, 오히려 필요한 역할 목록에서부터 시작하여 역으로 해당 지역 사회에서 각 역할을 수행할 수 있는 구성원을 확인하는 방식이 유용할 것이다.

- 설계자(미적 요소 담당)
- 엔지니어(기술 요소 담당)
- 식물 재료 공급
- 토양 공급
- 시설물 공급
- 허가 승인
- 주민 참여 지역 담당자
- 추진 과정 지역 담당자
- 매매 및 임대 의사가 있는 토지 소유주
- 시공 업체
- 유지 관리 업체
- 프로젝트 매니저(PM)

프로젝트 협력체 유형 및 업무 수행 인력의 직무는 '공터에 활기를' 프로젝트가 수행된 세 도시에서 각각 다르게 나타났다. 소도시 게리 시의 경우 고유 업무를 수행하는 협력체는 거의 없었으며, 한 협력체가 여러 역할을 담당했다. 예를 들어, 게리 시 그린어바니즘 부서Department of Green Urbanism 내 1~2명의 직원이 지역 담당자, 토지 소유주 및 허가 승인 담당자로서 프로젝트를 지원해 주었다. 버팔로의 경우 이미 복합적 역량을 가지고 활동하고 있으며 여러 협력체 역할을 수행할 수 있는 탄탄한 조직을 갖춘 웨스트사이드 지역 공동체를 프로젝트 협력체로 선택하였는데, 기존 버팔로시 구성원이 아닌 데다가 프로젝트의 장기적 수립이 어려운 프로젝트 책임자에게 도움이 되는 것으로 입증되었다. 그러나 협력체 네트워크 내 업무 중복에 따른 부정적 측면으로 네트워크가 인사 이동 문제에 다소 취약하게 되었다는 단점도 있다. 경험해 보지는 않았지만 만약 특정 소규모 지역 사회 안에서 프로젝트를 시행할 수밖에 없는 상황이었다면, 우리의 프로젝트에 관심이 없거나 반대하거나 원하지 않는 사람들이 있을 경우, 소규모 협력체 네트워크의 협력은 더 어려웠을 것이다. 반대로 더 많은 협력체와 함께 일하는 경우 프로젝트 실행 계획은 더 복잡해지겠지만, 협력체 네트워크 규모가 커지면서 협력체들이 각각의 역할을 수행하는 방식에 여러 옵션이 있을 수 있기 때문에, 업무 중복은 증가하는 반면 프로젝트를 실시하거나 무산시킬 수 있는 의사 결정자의 수는 줄어들게 된다. 클리블랜드의 도시 녹화 네트워크의 경우가 이에 속한다.

우리는 몬태나 대학 연구진과 협력을 통해, 도시 녹화 프로젝트의 성공을 촉진할 수 있는 전문 네트워크의 특징을 이해하기 위한 첫 번째 단계로 특정 도시 녹화 네트워크(클리블랜드의 빗물 관리 그린 인프라 전문가 네트워크)의 맵핑 가능성 여부를 조사하였다.[1] 먼저 기존에 확인된 연락처를 시작으로 추가 연락처 추천을 요청하는 방식(적은 수의 네트워크 연결로 인해 네트워크 내에서 확인하기 어려운 개인을 포착하는 데 도움이 되는 방법)으로 클리블랜드 빗물 관리 그린 인프라 네트워크 내 전문가 목록을 작성하였다. 다음으로는 전문가 네트워크 내 각 구성원들이 다른 구성원들에게 어떤 영향을 미치고 있는지 조사하기 위해 각 구성원의 전문 지식, 지식 공유 방식 및 그린 인프라에 대한 개인적인 태도(기여도 및 만족도)로 조사 항목을 구성했다(〈그림 5-1〉 참조). 우리는 종합적으로 대학, 정부, 계약 업체, 지역 사회 및 환경 단체의 직원으로서 그린 인프라와 관련된 다양한 부문에서 일하고 있는 클리블랜드 전문가 네트워크 구성원 중 28명(전체의 80%)을 설문 조사하였다. 전문가 네트워크 내 구성원간 연결성 조사 결과, 클리블랜드 그린 인프라의 리더 그룹으로 간주되는 전문가들은 보다 협력적인 파트너십을 맺고 네트워크 내의 다른 구성원들과 더 자주 공동 작업을 수행하며 네트워크의 중심적 역할(중요성 척도)을 하는 경향이 있는 것으로 나타났고, 동료들로부터 유능하며 선의를 가지고 프로젝트를 운영한다는 신뢰를 얻고 있음을 발견했다. 흥미롭게도 많은 비즈니스 전문가 네트워크와 달리 클리블랜드 그린 인프라 전문가 중 비공식적인 리더는 여성인 경우가 더 많았다.

그림 5-1. 클리블랜드 및 버팔로의 그린 인프라 프로젝트를 지원하는 지역 담당자와 조경가가 '공터에 활기를' 워크숍에서 투수에 대한 교육을 받고 있다.

개방적이고 협력적이며 탄력적인 네트워크를 구축하려면 시간과 노력, 신뢰가 필요하다. 네트워크 내 전문가 간의 협의는 4장에서 살펴보았던 공식적 협의이든, 연합체 구성의 일환으로 명시된 규칙 또는 공동의 목표이든 간에, 기금, 승인, 소유권 분쟁과 관련하여 네트워크 내부에서 발생할 수 있는 긴장 상태를 해결하는 데 도움이 된다. 클리블랜드 그린 인프라 네트워크에 대한 이 연구는 한 도시에서 빗물 관리 그린 인프라 프로젝트 추진 시 영향을 미치는 협동 작업에 대해 유용한 스냅샷을 제시한다. 이와 유사한 연구들은 추후 프로젝트가 수행될 다른 도시들에서도 성공적인 도시 녹화 프로젝트를 만드는 전문가 네트워크의 특성을 파악하는 데 도움이 될 수 있을 것이다. 몇몇 도시의 전문가 네트워크 맵핑을 통해 도시 녹화 네트워크 형성 방안에 대한 처방적 가이드라인을 개발해 볼 수도 있다. 전문가 네트워크는 지속적인 변화를 일으킬 수 있을 만큼 강력하고 효과적이기 때문이다.

저비용 유지 관리의 구성 요소

저비용 유지 관리 방식으로 설계된 프로젝트 수행 시 유념해야 할 점은, 저비용 유지 관리의 절대적 기준이란 존재하지 않으며 유지 관리 부담 여부는 가용 능력에 따라 정해진다는 것이다. '공터에 활기를' 프로젝트 대상지 일부의 경우, 잔디 깎기나 멀칭, 관수에 대한 노동력 요구도는 낮은 반면, 나무 같은 경우 전문적 조성 및 관리 지식을 필요로 하는 경우도 있었다. 또 다른 프로젝트 대상지의 경우에는 전문 지식을 필요로 하지 않거나 신체 건강한 노동 근로자들의 유지 관리 업무 강도는 낮은 반면, 자원 봉사자들에게는 멀칭 작업 등 강도 높은 노동 작업이 과도하게 집중되었음이 드러나기도 했다. 마지막으로 어떤 유지 관리 유형은 조경 근로자들의 기술이나 관심의 대상 범위 밖에 있기도 하다. (특히 어린이들의) 이용 수요가 많은 프로젝트 부지에서는 잔디 깎기 트럭에서 흩뿌려진 쓰레기로 인해 잔디 깎기 작업에 필요한 노력과 비용이 증가했고, 그네 사슬은 자주 풀어

주어야 하거나 수리가 필요했다. 이러한 사항들은 조경 업체와 주민들이 비슷하게 제기한 민원의 공통 원인이었다.

프로젝트 부지에 적합한 유지 관리 가용 능력을 확인하기 위해 우리는 조경 공사 업체가 담당할 구체적 기술 업무를 고려하였으며, 최상의 결과를 얻기 위해 계획 단계에서부터 도움을 요청하여, 우리가 최종적으로 완수할 프로젝트와 업체의 관련 지식, 업무 능력, 범위가 서로 부합하는지 확인하였다(〈표 5-1〉 참조). 일반적으로 프로젝트 설계를 단순화 – 설계 요소 및 식물 품종 수 줄이기, 프로젝트 부지 내 토지 용도를 보다 명확하게 구분하기 등 – 하면 유지 관리 요구 사항을 줄이는 데 도움이 될 수 있다. 물론 단순화에 대한 대가로 조성 직후에는 프로젝트 부지의 시각적 영향력이 다소 약할 수 있다. 그러나 시간이 지날수록 유지 관리 역량은 부지의 외관 및 주민 만족도에 가장 큰 영향을 미쳤다. 단순화된 프로젝트일수록 가장 정돈된 상태를 유지하는 경향이 있고 유지 관리 업체 및 주민 민원이 가장 적었으며, 유지 관리에 필요한 근로 시간도 가장 적었기 때문이다.

어린이를 대상으로 활동적 놀이를 권장하는 프로젝트는 상대적으로 고비용의 유지 관리가 필요하다. 클리블랜드의 경우 놀이 활동이 활발한 부지에서 기물 파손vandalism이 처리하기 어려운 문제로 나타났는데, 이는 어린이들이 설계 의도에 따라 놀이 기구를 이용하는 동시에 파괴적 놀이에서도 즐거움을 찾을 수 있기 때문이다. 일례로, 어느 날 유지 관리 업체 직원과 현장에서 작업하던 중, 아홉 살 남짓 된 어린 소녀가 근처 주차장에서 쇼핑 카트를 끌고 와 그네 아래로 밀어 넣고는 카트 안에서 균형을 잡고 그네 위의 상단 지지대로 양쪽 그네 사슬을 차근차근 말아 올리는 것을 보게 되었다. 우리는 소녀에게 다가가 그네를 이렇게 사용하면 안 된다고 설명하고 사슬을 풀어야 한다고 말했다. 소녀는 어깨를 으쓱하더니 그네를 천천히 풀어 쇼핑 카트 양쪽으로 늘어뜨려 놓고는 곧 가버렸다. 어린 소녀는 다른 친구들이 보이지 않고 근처에 어른이 없는 주택가에서 조용한 하루를 보낼 방법을 이런 방식으로 찾았던 모양이다. 어떤 경우에는 어

표 5-1. '공터에 활기를' 프로젝트 지역당 계절별 유지 관리 항목

월	근로 시간	유지 관리 항목
4월 (봄맞이 대청소)	6	쓰레기 및 폐기물 청소 잔디 깎기 및 손질 가지치기 설비 점검 및 수리
5월	8	쓰레기 및 폐기물 청소 잔디 깎기 및 손질 잡초 제거 및 멀칭 도로 및 시설물 잡초 제거
6월	8	쓰레기 및 폐기물 청소 잔디 깎기 및 손질 잡초 제거 추가 식물 식재
7월	4	쓰레기 및 폐기물 청소 잔디 깎기 및 손질 추가된 식물 물 주기
8월	6	쓰레기 및 폐기물 청소 잔디 깎기 및 손질 추가된 식물 물 주기 자연 녹지 예초(연 1회)
9월	4	쓰레기 및 폐기물 청소 잔디 깎기 및 손질 잔디 덧뿌리기
10월 (가을 대청소)	8	쓰레기 및 폐기물 청소 잔디 깎기 및 손질 관상용 식물 삽목(선택) 나무 심기 설비 점검 및 수리

* 근로 시간은 1개 지역의 3개 부지를 종합하였다.

린아이들이 어떻게 자신이 가로등에 올라가 태양광 조명을 분해하거나 차단할 수 있는지 보여주며 자랑스러워하기도 했다. 시간이 지나면서 클리블랜드의 놀이 활동이 활발한 부지 내부의 배치는 점차 단순화되었는데, 이는 반복적으로 파손될 우려가 있는 시설물 수를 줄여 유지 관리 비용을

절약하기 위한 것이었다.

토착 식물과 그린 인프라

토착 식물은 빗물 정원의 가장 일반적인 요소다. 따라서 빗물 관리 그린 인프라 또한 토착 식물과 밀접한 관련이 있다. 그러나 문제는 식물의 자연 번식이 그린 인프라와 토착 식물 식재를 광범위한 지역에 적용하는 데 위험 요소가 될 수 있다는 점이다. 그린 인프라의 외관 및 유지 관리 관련 민원 사항은 일반적으로 기능 관련 문제보다는 그린 인프라에 일반적으로 사용되는 토착 식물의 식재 및 관리 부담과 관련된 문제인 경우가 많다. 이론적으로 토착 초본 식물 종은 생장이 용이하며 일단 식재된 후에는 추가적인 급수나 영양 공급이 거의 필요하지 않지만, 제대로 관리하지 않을 경우 식물 생장 실패, 비용 낭비, 감정 악화 등의 결과를 초래할 수도 있는 적절한 관리에 대한 학습 곡선learning curve이 있다.* 이것은 두 가지 방식으로 진행된다. 빗물 관리 그린 인프라와 관련된 부정적 경험으로 인해, 토착 식물을 최우선으로 식재해야 하는 도시 유휴지에서조차 토지 관리자가 토착 식물을 기피하는 경우가 생길 수도 있다.

　따라서 토착 식물을 식재하는 그린 인프라 프로젝트에서는 토착 식물의 효용성(및 비용 증가)에 영향을 미치는 계절별 발아 및 식재 요구 사항을 반드시 고려해야 한다. 유휴지 프로젝트에서는 연중 어느 때라도 주택 철거 작업이 발생할 수 있기 때문에, 식물의 효용성을 위해 계절적 제한을 두는 것이 문제가 될 수 있기 때문이다. 임시 해결책으로는 봄과 가을의 식재 적기 때까지 거적으로 덮어두거나 일시적으로 지피식물을 식재할 수 있다.

----

* 역자 주: 학습 곡선(learning curve) 또는 작업 수행 곡선(performance curve)이란 시간에 따른 학습 또는 작업 속도의 변화를 도식화한 것이다. 일반적으로 인간이 어떤 작업을 처음 수행할 때에는 익숙하지 않아 많은 시간이 필요하지만 반복할수록 숙달되어 작업 시간이 줄어드는 것을 나타낸다. 이 책에서는 작업이 숙달된 후에도 현상 유지를 위해 최소한의 작업 시간이 필요하다는 점에 주목한다. 즉, 대개 식재 후에는 관리가 필요 없을 것이라 여겨지는 토착 식물의 경우에도 유지 관리를 위한 최소 작업량이 일정 부분 필요하다는 점을 설명하고 있다.

일단 식재가 완료된 토착 식물에는 가지치기, 급수, 영양 공급 등의 집중적 유지 관리가 필요하지 않지만, 기존의 조경 업체들이 대체로 대비해 두지 않는 특수한 유지 관리가 필요한 경우도 있다. 대부분의 토착 초본 식물은 가을에 죽었다가 봄에 다시 자라난다. 앞서 언급했듯이, 비전문가의 눈으로는 봄에 나온 싹만 보고 이 식물이 계획에는 없었던 토착 식물인지 아니면 외래종인지를 구분하기 어렵다. 이러한 이유로 지속가능한 주거를 위한 시민 연대의 프로젝트 협력체처럼 경험이 풍부한 그린 인프라 관리자들은 아주 적은 수의 토착 식물을 식재하거나 식물별로 군식 또는 열식하는 단순한 식재 방식을 선호하며, 이로써 유지 관리 직원들은 식재 계획된 식물과 그렇지 않은 식물을 구분하는 방법을 쉽게 배울 수 있다.

도시 그린 인프라 프로젝트에서 토착 식물과 관련하여 최종적으로 고려해야 할 점은 식물의 미적 특질과 관련된 부분으로, 유지 관리 업체 및 주민들이 자주 언급하는 부분이기도 하다. 도시 환경에서 토착 식물은 여전히 외래종처럼 여겨진다. 이는 토착 식물들이 키가 크고(많은 토착 초본 식물들은 대초원prairie이 원산지로 6피트까지도 자란다), 미관을 위해 원예 전문가가 인위적으로 교배한 종도 아니기 때문에 주민들의 눈에는 마치 잡초처럼 보이기 때문이다. 생태학을 배운 사람이 아니고서야 잡초는 해충이나 지역 투자 중단처럼 달갑지 않은 것으로 여겨진다. 따라서 잡초처럼 보인다는 것은 토착 식물이 가진 가장 큰 위험 요소다. 우리 동네에 잡초가 자라길 원하지 않는 사람들이 이를 베거나 뽑아버릴 수도 있으며, 실제로 이런 일이 자주 일어난다. 토착 식물 관련 비용 중에서도 인간의 개입은 수천 달러의 투자 손실을 손쉽게 가져올 수 있는 요인이다.

사실 토착 식물은 도시에 수많은 확실한 이익을 가져다준다. 토착 식물은 도시화와 기후 변화로 증가하는 위협에 처한 토착 곤충과 새, 동물에게 먹이와 서식지를 제공한다. 클리블랜드처럼 오대호 주변에 위치한 도시들은 철새와 곤충들이 얼음이 녹으면서 넓어지는 호수를 건너기 전후에 휴식처로 삼는 중요한 중간 기착지이다. 토착 식물은 혹독한 도시 경관 안에서 동물들에게 중요한 오아시스다.

한편 토착 식물에 대해 보다 신중한 고려가 필요한 사항으로는, 품종(현지 재배 토착 품종nativars) 및 지역 식물 유전자형의 책임감 있는 이용에 대한 논의를 꼽을 수 있다. 도시 녹화 프로젝트의 주요 목표가 토착 식물을 빗물 정원에 식재함으로써 곤충과 동물들에게 먹이와 서식지를 제공하는 것이라면, 토착 식물의 공급원에 대한 신중한 고려가 필요하다. 가능하다면 토착 식물의 종자는 현지의 식물 종자를 보유한 현지 농업인에게 공급받아야 한다. 현지에서 종자를 얻는 것이 불가능하거나 저비용 유지 관리가 가능한 토착 식물만을 원하는 경우라면, 현지의 토착 식물, 비현지 토착 식물, 그리고 외래종 중 어떤 것이 사람들에게 더 매력적이고 고도로 개발된 도시 환경에서도 재배하기 쉬워 이용하기에 적절한지 다시 고려해 볼 필요가 있으며, 이로 인해 발생할 수 있는 생태적 영향 또한 비교해 보아야 한다.

그렇다면 토착 식물과 그린 인프라를 자동으로 연결하지 않고, 각각 최적의 장소와 시기를 감안하여 이 두 가지 토지 용도를 분리하는 것은 과연 가능할까? 이러한 최적화는 일반 대중이 겪을 수 있는 부정적 경험들을 통제함으로써 장기적으로 각 부지가 용도에 맞게 더 잘 작동하도록 할 수 있다. 최근 연구에 따르면 빗물 정원과 식생 수로를 장식하는 식물들은 빗물 조절에 효과가 없는 것으로 추정되므로, 그린 인프라에 적용할 수 있는 식물 범위는 현재보다 더욱 넓어질 가능성이 있다(그러나 우리는 향후 연구에서는 사실 식물이 현재 추정치보다 그린 인프라 성능에 더 큰 영향을 미칠 수 있는 것으로 입증되지 않을까 하는 의구심을 갖고 있다. 이에 대해서는 다음 장에서 다룬다). 따라서 토지 관리자나 주민들이 토착 식물을 미적으로 선호하지 않는 지역에서는 해당 지역 주민들이 미관상 또는 유지 관리 요구 사항에 따라 선호하는 잔디나 나무, 관상용 식물을 그린 인프라에 식재해도 좋을 것이다. 추후 대상지에 대한 미적 선호도가 변화하면, 토착 식물을 식재하도록 빗물 관리 지역을 재구성하면 된다.

유지 관리와 녹색 일자리 개발

도시가 한층 더 지속가능한 실천 방안을 지향할수록 녹색 일자리 수요가 증가할 것으로 예측된다. 녹색 일자리는 지속가능성의 다양한 측면과 관련된 기존 직업에서, 변화된 직업에서, 그리고 새로운 직업에서 창출될 것이다.[2] 또한 녹색 일자리 개발에 대한 투자는 취약 계층에게 직업 훈련과 취업 기회를 제공하여 사회적 평등을 구현하는 기회이기도 하다.[3]

'공터에 활기를' 프로젝트가 실시된 도시들에서 지역 사회 단체와 시 정부 협력체는 녹색 일자리 프로그램이 어떻게 사회적 형평성을 구축하는 데 도움이 될 수 있을지 모델링하였다. 다음의 세 가지 사례에서는 '공터에 활기를' 프로젝트 팀 구성을 살펴보고 각 도시마다 어떤 방법을 적용하였는지 살펴보고자 한다. 버팔로에서는 비영리단체가 사회적 기업 분할 방식을 테스트하였고, 게리 시에서는 시 정부가 공원 유지 관리 부서에서 그린 인프라 기술을 구축하였으며, 클리블랜드에서는 지역의 독지가가 지속가능한 경관을 조성할 사업자를 후원하였다.

버팔로: 그린 인프라 사회적 기업

버팔로 시의 지속가능한 주거를 위한 시민 연대는 그린 인프라 및 기타 새로운 지속가능한 토지 이용 실천 계획을 조성하고 관리할 전문 인력 부족 문제와 지역 주민들의 '하이로드high-road'[4] * 일자리 고용 기회 부족 문제를 고심하다가 지역 차원의 녹색 일자리 창출 및 직업 훈련에 착수한다. 2012년, 지속가능한 주거를 위한 시민 연대는 사회적 기업 조경 사업인 푸시 블루PUSH Blue를 설립하여 환경 정의 및 지역 사회 중심 관점에서 버팔로 시의 합류식 하수도 월류수 문제를 살펴보고, 관련 활동이 가져오는

---

* 역자 주: 하이로드(high-road) 기업 또는 하이로드 전략은 기업이 직원들에게 경력과 좋은 직무, 높은 임금을 제공하고 이를 통해 높은 생산성과 혁신, 서비스를 산출하고자 하는 전략을 말한다. 하이로드 기업은 근로자에게 좋은 일자리를 제공하고 기업의 생산 및 서비스의 질을 향상시키며 노사 간 협력을 중시한다. 이와 반대되는 개념인 로우로드(low-road) 전략은 생산 비용과 임금 및 하청업체 비용을 최소화하여 기업의 수익을 높이는 방법이다.

다양한 이점을 해당 지역 사회가 느낄 수 있게 하고자 했다. 푸시 블루는 버팔로 웨스트사이드 지역 주민 중 성인 노동자를 차출하였고, 지속가능한 주거를 위한 시민 연대의 유휴지 프로젝트와 주택 단열 프로젝트를 시행하고 관리할 수 있도록 교육받은 사람 중 일부를 직원으로 고용했다. 푸시 블루는 버팔로 하수 당국의 그린 인프라 조성 약속, 미국 환경보호국과 연계된 장기적 관리 계획, 그리고 버팔로 시 정부의 그린 인프라를 감안한 용도 지역 설정 재편을 포함하여 그린 인프라를 선도하는 지역 단체들의 일자리 창출에 영향력을 행사하고 있다.

　푸시 블루는 사회적 기업 조경 사업으로서 공정한 경쟁 입찰과 생계 유지에 적절한 임금, 양질의 일, 그리고 근로자들이 좋은 경력을 쌓을 수 있는 경험을 균형 있게 제공하고자 노력한다. 또한 푸시 블루는 에너지 효율 개선 작업이 포함된 녹색 일자리 및 그린 인프라 관련 직무에 지역 주민들을 고용하며 교육하고 있다. 직업 교육에는 산업안전보건관리국의 10시간 교육 프로그램과, 빗물 관리 그린 인프라(빗물 정원, 식생 수로, 주택 및 건물의 빗물 집수 시설, 옥상 녹화, 빗물 관리 주차장 포함), 도시 정원, 가로수 식재, 바이오 환경 정화, 서식지 복원, 그린 인프라 유지 관리 등 여러 프로젝트에서의 현장 경험이 포함된다. 2015년 푸시 블루는 버팔로 하수 당국과 계약을 체결하여 총 2년 간 221개 철거 부지에 그린 인프라 처리 시설을 설치하기로 하고, 사회적 기업 모델이 고객들에게 하이로드 직업 창출을 통한 전문성, 경험, 사회적 이익을 제공할 수 있는지 테스트하였다. 종합적으로 총 19에이커의 유휴지가 개선되었고 53개의 일자리가 창출되었으며(근로자 대부분 버팔로 주민과 유색 인종으로 구성), 다른 계약 업체들에게 직업 훈련 및 기술을 지원하는 성과를 거두었다. 또한 추후 공평한 물 관리를 위한 지역 모델로 주목받는 계기가 되었다.[5]

　또한 푸시 블루는 버팔로 하수 당국 및 여타 지역 단체들과 함께 도시 전역의 빗물 홈통 분리 프로그램에 참여하고 있으며, 주 기관과 공립학교, 민간 기업을 상대로 그린 인프라 조성 및 유지 관리 계약을 맺고 있다. '공

그림 5-2. 버팔로 시에서 비닐하우스는 포장이 완료된 유휴지에 추가적인 식물 재배 및 저장 공간을 제공한다. 지붕에서 모인 빗물은 식물에 물을 주는 데 이용되며, 이 식물들은 지역 내 도시 녹화 프로젝트에 활용된다.

터에 활기를' 프로젝트의 일환으로 조성된 양묘원은 지속가능한 주거를 위한 시민 연대에 토착 식물과 현지 재배 식물을 공급하며, 기타 도시 녹화 계획 시행 시 필요한 식물을 판매하고 있다(〈그림 5-2〉 참조).

푸시 블루 사업 모델의 지속적인 과제는 적절한 인증 프로그램 탐색, 현장 교육과의 균형 유지, 일부 근로자들이 당면한 현실적 제약(운전면허가 없는 경우 등)을 고려하여 일자리 창출 간의 균형을 유지하는 것이다. 지속가능한 주거를 위한 시민 연대는 프로젝트의 유지 관리 측면에서 보조금 또는 출자 자금으로 자주 설치되는 부지의 유지 관리 예산 및 지불 방법을 조정하고, 부지 설계를 실제 유지 관리 역량에 맞게 일치시키고, 각 부지의 환경과 미기후에 적합한 좋은 자재를 선별하며, 교통량 급증이나 갑작스런 폭우 또는 가뭄처럼 도시 환경에서 나타나는 전형적인 위기들 속에서도 살아남았다.

게리 시: 그린 인프라에 능숙한 지자체의 공원 유지 관리

'공터에 활기를' 계획을 시작할 당시 게리 시에는 공원 유지 관리 인력이 부족했다. 2012년, 시는 9명의 직원 및 시민들로 조직된 도시보존 팀을 구성했다. 시는 공원처럼 프로그램된 녹지 공간뿐 아니라 도시에 조성 중인 여러 그린 인프라 프로젝트의 유지 관리를 위해 업무를 담당할 직원들을 교육하기 시작했다. 이러한 프로젝트는 게리 시가 합류식 하수도 월류수에 대한 동의의결을 제시하고, 시가 지속가능성과 관련하여 참여하고 있는 경제 활성화를 위한 빗물 관리 그린 인프라 지원 보조금을 여러 차례 요청한 결과였다.

'공터에 활기를' 프로젝트 실행 당시 도시보존 팀은 빗물 관리 그린 인프라를 설치할 수 있을 정도로 경험이 충분하지 못했다. 그러나 우리는 시공 업체에 부지 정화나 정비 작업 시 도시보존 팀을 활용해줄 것을 요청했고, 부지 조성 시 도시보존 팀이 부지에 들어가 해당 과정을 관찰하고 배울 수 있도록 조치했다. 도시보존 팀은 유지 관리 계약 업체로서 모든 공사 요소의 설치 및 계획 목적 등 부지의 유지 관리 요구 사항들을 현장에서 배울 수 있는 기회를 얻게 되었다. 또한 시공 업체와 유지 관리 업체 간의 긴밀한 협력은 시간이 지남에 따라 부지의 외관과 기능의 지속성을 보장함으로써 '공터에 활기를' 계획에도 도움이 되었다.

이후 도시보존 팀은 새로운 빗물 관리 그린 인프라 프로젝트 공사를 수주할 수 있을 만큼 충분한 전문성을 확보하게 되었다. 또한 게리 시의 '공터에 활기를' 부지 유지 관리의 경우 클리블랜드 시에서 유지 관리 업체의 계약 중단으로 발생했던 일부 문제를 방지할 수 있었으며, 쓰레기 무단 투기 등 게리 시의 다른 유휴지에서 발생했던 문제도 꾸준히 피할 수 있었다.

클리블랜드: 그린 인프라 유지 관리 기업 활동 지원

클리블랜드 시의 '공터의 활기를' 계획에서는 클리블랜드 식물원의 청소년을 위한 도시농업 체험학습 프로그램인 녹색단을 확대하여 프로젝트 유지 관리와 통합하였다. 2010년, 클리블랜드 식물원은 학생들에게 조경 유지 관리, 지속가능성 및 환경과학 분야에서 다양한 녹색 직업에 대비할 수 있는 폭넓은 직업 경험을 제공하고자 녹색단의 확대를 고려하였다. '공터에 활기를' 부지 조성을 통해 많은 조경 전문가가 전문성을 쌓고자 했던 학생들에게 새로운 지속가능한 방식과 관련된 직접적 경험을 제공할 수 있었을 것이라 생각된다. 그러나 2014년, 녹색단 확대 계획은 지도부의 행정적 개편에 의해 보류된다.

자원봉사를 통한 유지 관리는 잔디 깎기 정도의 작업에는 적합했지만 장기적이고 통합적인 계획에는 충분하지 않아 조성된 부지의 품질 저하를 가져왔는데, 다행히 한 지역 사회 재단에서 '공터에 활기를' 프로젝트 유지 관리를 위한 지속적 지원에 동의해 주었다. 이를 통해 프로젝트 팀은 지역 사회 단체와 협력하여 클리블랜드에서 조경 회사를 세운 한 지역 출신 사업자를 알아냈고, 이 사업자는 3개 프로젝트 부지의 유지 관리를 맡는 데 동의했다. 프로젝트 팀은 해당 회사 직원들의 유지 관리 역량에 따라 식재 계획을 수정하고 지속가능성을 주제로 지속적인 교육을 제공함으로써, 이 소규모 기업이 빗물 관리 그린 인프라의 원리를 비롯한 지식 기반 및 포트폴리오를 확장할 수 있도록 도움을 주었다.

클리블랜드의 사례는 '공터에 활기를' 프로젝트 및 다른 여러 유휴지 프로젝트에서 나타나는 취약점을 잘 보여준다. 이러한 프로젝트가 대부분 일회성 자금 출처를 이용하여 조성되는 경우가 많다는 점을 감안할 때, 기존 유지 관리 계획이 실패하고 유지 관리 지원 자금이 중단된다면 해당 부지는 어떻게 될 것인가? 이 취약점은 특히 제3자가 소유한 필지에서 심각하게 나타난다. 클리블랜드의 경우 시 정부가 필지를 소유하고 있었으며, 해당 지역의 개발 압력이 낮다는 것은 가까운 미래에도 이 필지들이 유휴지 상태로 남아있을 가능성이 높다는 것을 의미했다. 시는 현 상태의 유휴지를 유지할 능력이 없었으며, 시의 유지 관리 프로그램은 트랙터와 플레일 제초기를 이용한 부지 잔디 깎기를 중심으로 구성되었다. 잔디 깎기 및 제초 업무를 담당하는 직원들은 이미 토지 은행에 속한 수천 개의 기존 유휴지 관리에 버거워 작은 공원까지 관리할 여력이 없었다.

지속적인 유지 관리에 필요한 자금의 손실이 발생한 상황에서 클리블랜드의 '공터에 활기를' 조성 방안에는 두 가지 선택지가 있다. 첫 번째는 시 유지 관리 직원들만으로도 제초 작업이 가능하도록 설계 부지 규모를 축소하는 것이다. 필지를 잔디밭으로 전환하면서 많은 식물이 제거되었고, 결과적으로 1년에 7회까지 신속한 제초 작업이 가능해졌다. 제초 작업 인력을 수용하려면 여러 편의시설도 제거되어야 한다. 공식적으로는 시 정부 및 프로젝트 팀이 이를 철거하는 방법이 있으며, 비공식적으로는 기물 파손, 폐기, 지역 대청소 등을 실시할 수 있다. 두 번째는 부지의 유지 관리 업무를 지역 사회 내 다른 프로그램과 접목하는 것이다. 이 책의 출판 시점 즈음에 프로젝트 팀은 '공터에 활기를' 부지를 성장하는 지역 관리 프로그램과 통합하는 데 관심을 보인 지역 교회와 논의를 가졌다. 만약 이 두 가지 선택지가 모두 불가능하다면, 클리블랜드 시의 프로젝트 부지는 지역 내 다른 작은 공원들처럼 쇠퇴하여 황폐화되거나 폐기될 운명에 직면하게 될 수도 있다.

필지 소유자가 직접 유지 관리 책임을 맡았던 게리 시와 버팔로의 성공적인 유지 관리 사례와 달리, 클리블랜드의 경우 임대 필지의 유지 관리를 수행할 주체가 누구인지 다소 분명하지 않았다. 이러한 경험과 향후 부지가 손실될 위험, 그리고 이미 수십 년간 쇠락을 견뎌 온 지역 사회에 미칠 피해를 감안할 때 이상적인 시나리오는 장기적 유지 관리에 책임이 있는 토지 소유주가 처음부터 도시 녹화 프로젝트의 법적 책임을 담당하는 것이다.

지역의 변화와 그린 인프라

도시 녹화 프로젝트는 지역 사회의 몇 가지 문제를 해결하면서 종종 새로운 문제를 만들어 내기도 한다. 심지어 유지 관리가 잘 된 프로젝트조차 지역 사회에 예정된 변화에 대한 주민들의 우려를 자아낼 수 있다. 도시 녹화 전문가들이 이 같은 변화에 관한 주민들의 우려를 불식시키기 위해서는, 탈산업 지역의 역사 – 역사적으로 산업 발전에 따라 혜택을 받은 주민들과 배제된 주민 유형 등 – 를 이해하고 지역 사회와 열린 대화를 유지하며 지역 담당자를 활용하는 것이 도움이 될 것이다.

도시 녹화 경험과 기대감 형성

버팔로와 달리 게리 시와 클리블랜드에는 '공터에 활기를' 프로젝트 착수 이전에 지속가능한 주거를 위한 시민 연대처럼 강력한 지역 사회 개발 조직이 없었다. 이 두 도시는 수십 년간 쇠퇴를 겪었으며, 우리가 프로젝트를 수행했던 주거 지역 거리 일대는 당시 극도의 주택 유기 및 토지 유휴화 문제와 씨름하고 있었다. 당시 이곳의 주민들은 도시 녹화 프로젝트에 대한 사전 경험이 전무했다. 따라서 주민들에게 도시 녹화 프로젝트에 대한 기대감을 형성하는 것은 보다 더 어려운 일이었다. 주민들은 지금의 프로젝트 시행 이전까지 수년 동안 셀 수 없이 많은 공약들이 대체로 무산되어 왔기 때문에 지금 약속된 투자 또한 실현되지 않을 것이라고 믿는 측과, 단일 프로젝트 하나가 지역 사회의 모든 요구 사항들을 다뤄주기를 바라는 측으로 갈라져 있었다. 반대로 버팔로 시에서는 주민들의 관심에 따라 프로젝트 범위가 상당히 긴밀하게 조정되었다. '공터에 활기를' 계획은 지역 회의에서 주민들이 관여하는 여러 주제 목록의 안건 중 하나로 논의되었다. 핸드볼장을 제외한 대부분의 문제는 지역 사회 개발 조직과 프로젝트 팀 간의 논의를 통해 결론이 났으며 주민들이 직접적으로 관여하지는 않았다.

게리 시와 클리블랜드에는 정기적으로 공청회를 열 수 있는 강력한 지역 사회 개발 조직이 없었기 때문에 프로젝트 팀이 직접 주민들과 접촉했다. 이로써 이들 도시의 주민들은 프로젝트 결정에 직접 참여할 수 있는 기회는 더 많았지만, 실제로 프로젝트 전체 과정에 참여한 주민의 수는 오히려 더 적었다. 초기 단계에는 소수의 주민만이 참여하였으나, 후반 단계에서는 블록 조직이나 지역 리더들을 통해 우려를 표명하기도 했다. 주민들은 부지가 조성 후 어떻게 보일지, 어떻게 유지될 것인지, 새롭게 제시된 편의시설이 지역 사회에 최악의 활동을 조장하지는 않을지 우려했다. 다른 도시에서 도시 녹화 프로젝트의 혜택이 입증되었음에도 여전히 회의적인 태도를 보이기도 했다. 주민들은 그들이 살고 있는 도시의 예외성(좋은 쪽이든 나쁜 쪽이든)을 믿었고, 다른 지역의 교훈을 클리블랜드 시와 게리 시에도 적용할 수 있을지 의심했다.

게리 시와 클리블랜드 시의 도시 녹화 실무자들은 새로운 도시 녹화 프로젝트를 실행해 본 기존 경험이 전혀 없었기 때문에, 통상적으로 변화에 수반되는 불안과 진짜 불만을 구별하기 어려웠다. '공터에 활기를' 프로젝트에서 우리는 프로젝트 팀이 몇 가지 문제를 해결하기 위해 시간을 쏟는 동안, 다른 주민들의 불만은 새로운 기준에 적응하면서 저절로 해결되었다는 것을 발견했다. 이전에는 조용했던 유휴지에서 일어나는 활동에 의한 소음 불만이나 일반적인 불만 사항들이 후자의 범주에 속한다. 한두 명의 주민들이 제기한 민원 또한 시간이 지나면서 저절로 해소되는 경향을 보였다. 그러나 몇몇 민원은 자동으로 해결되지 않아 조치가 필요한 경우도 있었다. 통상적인 변화에 수반되는 불안과 진짜 문제를 구별할 수 있는 유일한 방법은 해결책을 마련하기 전에 조정 기간 동안 먼저 열린 의사소통 라인을 유지하고 불만 사항을 모니터링하는 것이다.

새로운 투자에 대한 주민들의 기대감이 높은 것처럼, '공터에 활기를' 프로젝트 팀 또한 단일 계획이 영향을 미칠 수 있는 변화의 양에 대해 팀 구성원들이 가진 현실적 기대치를 유지해야 했다. 때로는 유용하고 긍정적인 변화를 만들어내고자 하는 열망에서 벗어나, 프로젝트 팀이 이행할 가능성이 거의 없는 해결책을 무리하게 투입하지 않는 것조차 도전적인 일이었다. 실제로 우리가 영향을 미치는 영역을 명확하게 규정하고, 해결 가능한 문제에 집중하는 것이 오히려 장기적 신뢰 구축에 더 좋았다. 프로젝트 팀 업무와 중복되는 주민 문제를 고려하며 마을 포럼 및 지역 토론에 참여하고 정보를 공유하며 인맥을 쌓아가는 것이야말로 무리한 계획 없이도 영향력을 미치는 범위 내에서 도움이 될 수 있는 효과적인 방법이었다. 이러한 교훈을 통해 우리는 도시 녹화 실무자들에게 지역 사회의 이슈에 얼마나 깊이 관여할 것이며 이에 비해 지역 사회에서 활동할 수 있을 것으로 예측되는 시간은 얼마나 되는지 신중하게 비교하고, 장기적 신뢰를 구축하고 유지하는 데 필요한 지속성을 보장할 수 있는 제도적 지원이 있는지 주의 깊게 살펴볼 것을 조언했다.

원치 않는 활동을 유발하는 연결성

도시계획가와 조경가들이 일반적으로 긍정적 속성으로 간주하는 지역 내 및 지역 사이의 연결성을 증가시키는 것은 게리 시와 클리블랜드 시의 주민들에게는 바람직하지 않은 것으로 여겨졌는데, 이는 지역 주민들이 필지가 다른 구역의 길과 연결될 경우 재산 피해나 폭력 범죄에 쉽게 노출될 수 있을 것이라 믿었기 때문이다. 연결성 증가는 걷기 좋은 마을 환경을 조성하여 주민 건강 증진에 기여할 수 있음에도 불구하고, 연구에 따르면 범죄율이 높은 지역에서는 두려움 때문에 주민들이 걷기 좋은 마을 환경을 이용할 가능성이 적은 것으로 나타난다. 철거 외에 다른 투자 방안이 없는 지역에서 이러한 두려움은 유휴지 세 곳을 개선하는 것만으로 사라지지 않을 것이다. 이 경우 도시 녹화 프로젝트의 혜택은 마을에 도시 녹화나 다른 투자 유형을 충분히 유치하기 전까지는 본격적으로 드러나지 않을 가능성이 높다. 클리블랜드 시 지역 사회 발전센터Center for Community Progress의 연구에 따르면, 소규모 도시 녹화 프로젝트는 필라델피아나 뉴욕 같은 대도시에서와 달리 범죄나 주택 가치, 세금 연체 문제에 큰 영향을 미치지 못하는 것으로 나타났다. 연구에서는 이러한 원인이 주택과 유휴지의 시장 가치가 상대적으로 낮아 부동산 시장이 취약한 도시의 경우 도시 녹화 프로젝트의 밀도가 낮기 때문(유휴지의 1%만을 차지)이라 분석되었다.[6]

'공터에 활기를' 사례는 주민들이 범죄에 대한 걱정 때문에 도시 녹화시 더 낮은 연결성을 원하는 양상을 잘 보여주고 있다. 게리 시의 경우 담장 정원 프로젝트 부지 뒤편은 큰 유휴지와 인접해 있는데, 이 유휴지는 일부분만 포장된 상태로 식물이 우거져 있는 넓은 필지였다. 정원 부지의 주요 출입구는 마을의 주요 출입구이며 도시를 가로질러 북쪽의 고속도로로 바로 연결되는 애트나 스트리트로 이어져 있다. 프로젝트 실행 도중, 길 건너편에 사는 한 주민이 최근 '공터에 활기를' 부지 철거로 자신이 거주하는 길이 애트나 스트리트와 그 뒤쪽까지 시각적으로 개방되었으며 이로 인해 자신을 비롯한 인근 이웃들에 대한 범죄 접근성이 높아졌다며 두려움과 분노를 표했다. 이러한 두려움을 확인하듯, 프로젝트 부지가 조성된 첫 해에 담장 정원 바로 옆의 사람이 살고 있는 집이 파손되는 일이 일어났다. 처음에 프로젝트 팀은 담장을 폐쇄하는 등 몇 가지 방안을 검토했지만, 이는 피상적인 해결책일 뿐이었다. 인접 필지에는 누구나 쉽게 접근할 수 있었을 뿐더러 블록 내부에 버려지고 허물어져가는 주택 철거 계획이 이미 여럿 구상되어 있었기 때문이다. 결국 게리 시는 추후 철거 시 다시 문제가 될 것을 고려하여 진입을 막는 담장을 만드는 선례를 남기지 않기로 결정했으며, 담장은 여전히 개방된 상태로 남아 있다.

마찬가지로 클리블랜드의 주민들은 거주 구역 내 평행한 두 도로 사이를 걸어서 갈 수 있도록 연결해주는 녹화된 두 유휴지 사이 공간을 폐쇄해 달라고 요청했다. 이 마을의 노인 주민들은 북쪽 공공주택 개발 구역에 사는 청소년들을 두려워했는데, 이는 최근 몇 년간 청소년들이 울타리를 뛰어넘거나 마당을 가로질러 서로를 추격하는(간혹 권총을 소지한 경우도 있다) 일이 매우 흔해졌기 때문이었다. 주민들은 도로 사이의 연결성이 증가하면 청소년들이 남쪽의 마을 주거지역으로 쉽게 이동할 수 있게 되어 더 많은 노인 주민들이 절도, 강도 등 범죄에 노출될 것이라 우려했다. 게리 시와 마찬가지로 클리블랜드 주민들의 우려는 마을 주택 철거가 증가하면서 점차 높아질 것으로 보이는데, 조례에 따르면 구조물과 진입로가 철거될 때 필지 경계의 낡은 울타리도 함께 철거되기 때문이다. 결국 부지 뒤편 경계부는 개방된 상태로 남아 있게 되었다.

울타리는 공원과 옆 마당을 구분하는 수단이자 필지 뒤편의 틈새 공간을 막기 위한 수단으로, 프로젝트 완료 전후를 통틀어 빈번하게 요청되는 사항 중 하나였다. 소규모 프로젝트에서 울타리는 예산의 상당 부분을 차지할 수 있고 자체적인 유지 관리가 필요하다는 점을 감안해 본다면, 울타리 설치의 필요성은 신중하게 평가되어야 할 것이다. 계획 수립 시 울타리 설치를 프로젝트 예산에 통합하거나, 불가능한 경우 마을 주택 소유주들이 각자 소유지에 울타리를 설치할 여력이 있는지 논의를 시작하는 방법을 고안해 볼 수 있다. 또한 시간이 지남에 따라 도시 내 녹지 공간의 레크리에이션 활용이 증가하고 관리가 잘 될수록 실제로도 인식적으로도 마을의 안전을 증가시킨다는 것이 입증된다면 주민들도 안심할 수 있게 될 것이다.

지역 사회 내 갈등과 의견 충돌

클리블랜드의 '공터에 활기를' 프로젝트에서는 노년층 주택 소유주들, 상대적으로 젊고 어린 자녀와 함께 살고 있는 세입자들, 그리고 북쪽의 공공주택 개발 구역 주민들 사이에 갈등이 존재한다는 것이 드러났다. 앞서 논의한 바와 같이, 이러한 갈등 양상은 프로젝트 계획 중에 처음으로 수면 위에 드러났으며 이후 프로젝트 기간 내내 지속되었다. 특히 포켓 공원에서 이러한 갈등이 눈에 띄게 나타났는데, 포켓 공원은 공공주택 개발 구역 뒤편에 인접해 있으며 분리된 두 개의 7피트 높이 체인 울타리로 경계가 구획되어 있었다. 공공주택 개발 구역 뒤편은 민숭민숭한 잔디밭이었고, 체인 울타리 사이의 공간은 빗물 공원 조성으로 정비되기 이전까지 쓰레기가 버려지는 장소였다.

쓰레기장의 매트리스와 잔해를 치우자 그네 놀이터로 연결되는 시야가 개방되었고, 공공주택 개발 구역에 사는 5~12세 사이의 어린이들은 건너편의 작은 포켓 공원으로 가기 위해 양쪽 울타리를 오르고 타넘는 일에 점차 익숙해졌다. 마을 주민들은 처음부터 공공주택 개발 구역 주민들을 공원으로 끌어 모으고 싶지 않다는 입장을 분명히 했지만, 본래 주민들이 좀 더 우려했던 대상은 청소년들이었다. 사실 어린이들이 이렇게 밀려들 것이라고는 아무도 예상하지 못했다. 어른들이 보지 않기 때문인지 아이들은 설계 의도대로 시설물을 이용하는 것만큼이나 파괴적인 놀이를 즐기는 것처럼 보였다. 아이들은 가로등을 타고 올라가 태양광 조명을 파괴하는가 하면, 빗물 관리를 설명하는 표지판의 그림을 벗겨내기도 했다. 그러나 아이들은 그네를 타고 놀기도 했으며 자신들이 접근할 수 있는 이 유일한 놀이 기구를 매우 자주 이용했고 진정으로 즐거워했다(〈그림 5-3〉 참조). 무엇보다 어린아이들이었기 때문에 장난을 치기는 하지만 실질적인 해를 끼치거나 위협이 되지는 않았다.

　외부 어린이들 및 마을 어린이들에 대한 불만 사항들은 포켓 공원 조성 후에도 마을 주민들 간에 계속해서 의견이 일치하지 않는 부분이었다. 이

그림 5-3. 클리블랜드 시의 '공터에 활기를' 포켓 공원에서 그네를 타고 있는 아이들의 모습

거리에는 포켓 공원이 하나뿐이었기 때문에, 아이들의 활동은 이 한 장소에 집중되었다. 소음과 쓰레기, 놀이 등이 마을 주민들의 마당에 침범하면서 마을 주민 중 일부가 피해를 입었다. 우리는 '공터에 활기를' 계획 단계를 민주적으로 수행하기 위한 노력의 일환으로, 해당 거리에 사는 모든 주민의 의견을 수렴하고 특히 다른 주민들보다 프로젝트 필지에 인접하여 거주하는 주민들을 참여시키고자 했다.

그럼에도 추후 작업 시 필요한 한 가지 부분이 더 있다면, 공간을 이용하게 될 더 넓은 범위의 지역 주민들의 피드백을 얻기보다 지역 사회의 결정에 더 직접적 영향을 느낄 수 있는 포켓 공원에 인접하여 거주하는 주민들의 피드백에 더 적절한 가중치를 적용하는 방법을 알아내는 일일 것이다. 도시 녹화 실무자는 주민들의 의견 충돌 문제를 해결하는 과정에서, 기존 지역 문제 완화에 도움을 주는 것과 지역 사회의 여러 분야 간 갈등을 부주의하게 부채질하는 것 사이의 경계를 잘 읽어낼 필요가 있다.

주민과 도시 녹화 실무자 간의 분열

클리블랜드 시의 자연 놀이터 부지는 도시 내 녹지 공간에 대한 주민들의 메시지에 주목했다. 통나무 놀이 기구, 타이어 벤치, 모래놀이 언덕 등 도시 환경에서 즐길 수 있는 기발한 놀이 요소들이 고안되었지만, 자연 놀이터 설계안 자체는 주변의 지저분하고 버려지고 저평가된 유휴지와 시각적으로 분리될 수 없었다. 민간 도시 내 녹지 공간 사례에 비추어 볼 때, 사이 뜰의 목적은 레크리에이션 장소 제공뿐 아니라 집에 가치를 더하고 이 부지가 누군가의 소유이며 관리되고 있다는 사실을 보는 이들에게 알리며 마을에 대한 자부심을 전달하는 것이라 할 수 있다. 물론 이러한 의미의 메시지가 항상 사이 뜰이나 일반적인 녹지 공간의 생태적 가치와 관련이 있는 것은 아니다.[7]

생태친화적 설계의 과제는 의사소통 관리와 유지 관리 비용 절감 사이의 균형을 맞추는 것이다. 간혹 실험적인 설계 프로젝트에서는 활용도가 낮은 토지가 대상지가 되기도 하는데, 이 경우 토지에 대한 기대치가 낮기 때문에 부유한 마을이라면 허용되지 않을 토지 이용 방식에 대해 주민 또는 시 정부가 관대한 태도를 취하거나 적어도 이를 막지는 않기 때문이다. 우리는 상대적으로 부유한 마을의 프로젝트에서도 다양한 도시 맥락에서 활용 가능한 설계안을 고수하고자 했다. 그럼에도 때로는 자연 놀이터 부지 사례처럼, 작업하고 있는 경관의 맥락이 프로젝트 수용에 얼마나 막대한 영향을 미칠 수 있는지를 적절하게 고려하지 못하는 경우가 발생하기도 한다. '공터에 활기를' 프로젝트를 통해 얻은 이러한 시사점을 여러 지역의 도시계획가, 조경설계가, 기타 도시 녹화 실무자들과 이야기해 보면 이런 맥락들은 일반적으로 잘 고려되지 않는 것 같다. 이는 전문가들 대부분이 공실률이 높은 지역에서 작업을 수행하지만 그들이 실제 사는 곳은 그렇지 않기 때문이다.

본래 이런 마을들은 특정 민족 집단 주민들을 위해 조성되었기 때문에, 마을의 배치나 주택 양식, 개방적인 사업 유형 등에 그들의 민족성이 반영되어 있다. 도시 내 녹지 공간 및 기타 공공 공간 또한 지역 사회의 문화적 요구와 가치를 충족시키기 위해 건설되었으며, 그 모습 역시 주민들의 문화적 유산을 반영하였을 것이다.

오늘날 도시의 지역 공동체가 인종에 따라 지속적으로 심각하게 분리되어 있다는 사실은 거의 인정되지 않고 있다. 인종 분리를 인정하지 않음으로써, 도시 녹화 프로젝트가 모든 지역 사회 어디에나 적용 가능한 해결책이 될 수 있다는 잘못된 인식이 생겨나기도 한다. 도시 녹화 전문가는 주로 백인이며 고소득층이라는 점을 고려할 때, 가장 먼저 인정해야 할 점은 유색 인종 및 저소득층 커뮤니티 대상 공간의 설계 방식을 전문가들이 잘 알지 못할 수도 있다는 점이다.

궁극적으로 이런 문제들은 도시 녹화 실무자들의 다양성을 증가시키면 해결될 수 있다. 그때까지 우리는 프로젝트 영향권에 있는 지역 주민들을 설계 과정에 포함하거나 도시 녹화 프로젝트를 통해 지역 주민들이 선호하는 바를 유연하게 수용할 수 있는 영역들을 확인할 수 있다. 이는 단순히 기분 좋은 활동 수준에 머무르지 않는다. 기존 지역 사회를 위한 설계는 도시 녹화 프로젝트를 통해 얻고자 하는 사회적 결과를 달성하고, 근처에 사는 주민들이 그 혜택을 받는 데 확실히 도움이 된다. 도시 녹화의 많은 사회적 혜택이 스트레스 경감 및 신체 활동 증가와 관련이 있다는 점을 고려해 볼 때, 지역 주민들이 프로젝트를 환영할 수 있게 만드는 것이야말로 프로젝트 목표 달성과 본질적으로 연결되는 것이다.

지속적인 도시 녹화 프로젝트를 위한 몇 가지 교훈

프로젝트 기간 동안 변화와 위협에 탄력적으로 대응할 수 있는 최선의 도시 녹화 계획은, 개방적이고 협력적이며 인력 변동을 견뎌낼 수 있는 충분한 여분 인력이 있는 프로젝트 팀과 전문가 네트워크의 지원을 받는 것이다. 이러한 네트워크는 신뢰와 선의를 기반으로 구축되어야 하며 많은 시간이 소요된다. 빗물 관리 그린 인프라 전문가로 구성된 클리블랜드 네트워크와 작업한 경험에 비추어 볼 때, 협력을 위한 공동의 목표 또는 비전을 수립하면 각 구성원들이 각자의 역할을 찾아내거나 집단 결속력을 구축하는 데 도움이 될 수 있다.

도시 내 녹지 공간의 유지 관리 요구 사항은 어느 지역이든 쉽지 않지만, 유지 관리를 지원할 자원이 빈약한 도시 내 소외된 지역에서는 이러한 유지 관리 요구 사항을 줄여야 한다는 압력이 더욱 크다. 이런 경우, 대상지 계획안을 단순화하는 것도 한 방법이 될 수 있다. 이를 위해 유지 관리 업체는 설계자에게 마모 및 손상, 계약 업체의 유지 관리 역량, 그리고 외관을 고려하여 조경 요소들의 유지 관리 부담에 관한 더 많은 정보를 전달해야 할 것이다. 어린이들이 활동적 놀이를 할 수 있는 기회를 제공하고자 하는 지역 사회에서는 이런 부지가 조성되면 유지 관리 부담이 증가한다는 점을 분명하게 인식해야 한다. 마지막으로 많은 빗물 관리 그린 인프라 계획에서 기본적으로 토착 식물이 이용되기는 하지만, 그린 인프라의 식재 선정은 대상지의 사회적·물리적 특성을 모두 고려하여 의도적으로 계획되어야 한다. 토착 식물을 포함한 식재 계획이 대상지의 유지 관리 요구 사항을 자동으로 줄여주는 것은 아니기 때문이다.

이상과 같이 버팔로, 게리 시, 클리블랜드 시의 '공터에 활기를' 프로젝트 팀 구성원들이 보여준 세 가지 일자리 개발 모델은 지속가능한 토지 이용 실천 경험 및 교육을 제공함으로써 기존 일자리들이 어떻게 녹색 일자리로 전환될 수 있는가를 보여준다. 이 사례들에서 녹색 일자리는 다양한 교육 수준과 삶의 이야기를 가진 사람들도 접근할 수 있는 하이로드 일자리 고용 기회를 제공하고, 소외된 지역의 주민들에게 공정한 보상과 좋은 혜택을 제공할 수 있는 잠재력을 지니는 것으로 파악된다.

도시 녹화 전문가들이 새로운 도시 녹화 우수 실천 사례를 수립하기 위해 여러 계획에서 얻은 교훈들을 일반화하기 시작했듯이, 우리 또한 도시 내 녹지 공간의 성패에 영향을 미칠 수 있는 대상지의 물리적·사회적 특성의 기본 전제가 무엇인지 인식해야 한다. 마을의 경관이 변화할 때, 도시 내 녹지 공간은 기본적으로 지역 사회에 미래에 대한 두려움과 연관된 주민들의 우려를 유발하거나 혹은 우려의 대상이 되거나 문제를 들춰내는 계기가 될 수도 있다. 부유한 지역의 토지 이용 및 연결 원칙이 오랜 기간 투자 중단과 쇠락을 견뎌온 지역에 언제나 즉시 적용될 수 있는 것은 아니다. 도시 녹화 전문가들은 개인이 아닌 집단으로서, 유휴지가 많고 도시 내 녹지 공간에 주민들이 평등하게 접근할 수 없는 지역의 특별한 요구 조건들을 보다 잘 알 필요가 있다. 이를 잘 알게 될 때 실무자들은 녹지 공간이 지역 사회 안정화라는 목표를 향해 작동하며 그곳에 살고 있는 지역 주민들의 요구를 충족시킬 수 있다는 것을 확신할 수 있게 될 것이다.

----

1. Brian C. Chaffin, Theresa M. Floyd, Sandra L. Albro, 2019.

2. Caroline Keicher, Commercial Energy Policy Toolkit: Green Workforce Development, fact sheet (Denver, CO: ICLEI - Local Governments for Sustainability- USA, 2011).

3. Noah Enelow and Chris Schildt, *Jobs & Equity in the Urban Forest* (Portland, OR: Ecotrust, 2017).

4. "하이로드(High-road)" 기업은 직원과 지역 사회를 기업의 재정적 성공의 필수 요소로서 가치 있게 여기며 공정한 급여와 좋은 혜택을 지원한다. American Sustainable Business Council, *Principles of High Road Employers; A Path to Building a Sustainable Economy* (Washington, DC: American Sustainable Business Council, 2018).

5. Zoë Roller, *An Equitable Water Future: Opportunities for the Great Lakes Region* (Washington, DC: US Water Alliance, 2018).

6. Alan Mallach, Ken Steif, and Kim Graziani, *The Re-Imaging Cleveland Vacant Lot Greening Program: Evaluating Economic Development and Public Safety Outcomes* (Washington, DC: Center for Community Progress, 2016).

7. Paul H. Gobster, Joan I. Nassauer, Terry C. Daniel, and Gary Fry. "The Shared Landscape: What Does Aesthetics Have to Do with Ecology?" *Landscape Ecology* 22, no.7 (2007): 959-972.

6장
소규모 그린 인프라 네트워크의 확장

시범 프로젝트인 '공터에 활기를'의 다음 단계는 더 큰 프로젝트로의 '확장 scaling up'이다. 빗물 관리 그린 인프라 프로젝트를 확장하는 목적은, 총 우수량 또는 최대 유량 경감 등 하수 시스템과 빗물 시스템에서 중요한 것으로 간주되는 빗물 유출량을 유의미한 수준으로 감소시키는 것이다. 도시 녹화 프로젝트의 경우, 확장의 목적은 인류의 건강, 부동산 가치, 범죄율 및 환경에 대해 유의미한 효과를 달성하기 위한 것이다. 유휴지 재활용 프로젝트의 경우, 확장이란 주택 가격 안정화와 더불어 인구 유출, 압류, 주택 유기 및 철거를 늦추는 것을 의미한다. 빗물 관리-도시 녹화-유휴지 활용의 교차점에 있는 '공터에 활기를' 같은 프로젝트에서는 이 결과들 중 하나가 확장의 목표가 될 수 있다.

특히 '공터에 활기를' 프로젝트의 경우, 유휴지 설계안을 그대로 대량으로 복제하는 것도 확장에 포함되는가에 대해 다소 의문스러운 부분이 있다. 우리는 프로젝트를 복제하여 다른 지역에서도 그대로 적용할 수 있도록 설계안이나 소프트웨어 코드 및 기타 프로세스를 자유롭게 이용 가능하도록 했다. 그러나 필요한 규모 수준에 다다르려면 매우 많은 프로젝트가 필요하다. 아홉 개의 사례만으로 설계안을 복제하거나 주민 참여 프로세스를 통해 맞춤형 설계를 알아내는 방식은 수백 개, 수천 개 프로젝트 규모에서는 실용적이지 않다. 대신 우리는 '공터에 활기를' 프로젝트의 설계 요소 및 프로세스가 다양한 도시 녹화 전략을 통해 한데 엮이면서 도시 녹화 실천 방안을 보다 일반적으로 확장하는 데 도움이 될 것이라 기대한다. 또한 우리는 이미 도시의 나무 그늘을 확대하거나 개선되지 않은 유휴지에서 제초 작업 요구 수준 줄이기 등을 목표로 하는 프로젝트를 통해 대상지 선정에 대한 시사점을 얻고 있다.

이 책에서 우리는 다양한 도시 녹화 프로젝트에 가장 폭넓게 적용할 수 있을 것이라 생각되는 '공터에 활기를' 프로젝트의 몇 가지 시사점을 소개하고자 한다. 이 시사점들은 아래에 나열된 것과 같이 더 큰 요구의 기초가 되며, 도시 녹화 확장을 위해 반드시 다루어져야 할 내용이자 6장의 중심 내용이기도 하다.

- 도시 녹화 프로젝트 효율성 평가 및 조성 후 설계 조정
- 도시 녹화 실행 시 운영 능력[1] 및 책임[2] 분산의 영향을 줄이기 위한 투자자와 수혜자 간 연결
- 젠트리피케이션 대응, 지역 공동체 강화, 적절한 유지 관리 역량 및 기대치를 충족시키기 위해 프로젝트 설계안 구상 시 시공 및 유지 관리 인력을 포함한 지역 사회 참여 요청
- 소규모 도시 녹화 프로젝트 네트워크 육성 및 지역 내 확고한 그린 인프라 구축
- 형평성 있는 도시 내 녹지 공간 계획을 장기적 지역 계획 수준으로 향상

그린 인프라의 빗물 관리 효과

그린 인프라가 과연 도시 지역에서 콘크리트 위주의 그레이 인프라에 비해 도시 내 빗물 유출을 효과적으로 통제할 수 있을 것인가라는 초기의 회의적 입장에도 불구하고, 현재 그린 인프라는 빗물 관리 목표 달성을 위한 효과적 수단임이 입증되고 있다. 도시 유휴지에서 빗물 정원은 유휴지에 요구되는 양 이상의 빗물 유출량을 제어할 수 있다. 단, 지붕, 주차장, 도로 또는 분명한 배수 문제가 있는 공간 등 인접한 불투수성 표면을 통해

추가로 유출수가 유입되는 곳에 위치한 빗물 정원의 경우는 제외한다. 그 대신 낙엽 퇴비 등 유기물을 표토층에 추가하여 기존 토양의 투수성을 높이는 방법은 비용이 저렴하면서도 빗물 관리에 충분히 효과적이다. 지피 식물이 토양을 잘 덮어주면 증발산을 통한 수분 손실량이 증가하며, 깊은 토양층까지 물을 내려 보낼 수 있는 뿌리가 더해져 토양의 투수성을 높일 수 있게 된다. '공터에 활기를' 프로젝트 팀은 이러한 점을 고려하여 아홉 개 프로젝트 부지에 조성된 빗물 정원의 수행 능력을 평가하였다.

'공터에 활기를' 부지의 수행 능력 측정

'공터에 활기를' 프로젝트 부지 내 빗물 관리 그린 인프라의 효율성 평가를 위해 2015년 6월부터 11월까지 각 빗물 정원의 수행 능력을 모니터링하였다(〈그림 6-1〉 참조).[3] 먼저 지역별 기후 조건 측정을 위해 각 지역 내에 기상 관측소를 설치하였다. 그리고 각 필지의 주요 빗물 정원과 부지로 선정된 프로젝트 필지의 특성을 공유하는 인근 유휴지를 대상으로, 각 부지 내

그림 6-1. '공터에 활기를' 부지에는 강우 발생 시 토양 내 수분량 변동을 조사하는 모니터링 장비가 설치되어 있다.

지표 바로 밑 토양 온도와 깊이 2~12인치 사이 세 지점의 토양 수분을 측정하였다. 이는 빗물 유입 및 유출량에 대한 기본 설정값이 없어 자연 상태의 빗물 유출량을 측정하기 어렵기 때문에 빗물 정원까지 도달한 유출수를 추산하기 위한 간접적 실험 방법으로 설정된 것이다. 이 측정값을 각 대상지에서 산출된 빗물 정원 수용량 및 유출수 추정치와 비교해 보면, 토양 탐침이 포화토 상태*를 보이는가의 여부에 따라 빗물 정원에 물이 계속 채워진 상태인지 추산할 수 있다. 안타깝지만, 더 깊은 토양층의 수위를 직접 관찰할 수 있는 연못은 파손되어 측정할 수 없게 되었다.

모니터링 기간 동안, 빗물 정원의 바이오 투수성 배합토는 빗물을 빠르게 투수시키고자 하는 의도대로 작동함으로써 빗물 정원에는 물이 채워져 있지 않았다. 흥미롭게도, 비가 내리는 동안 빗물이 깊은 아래 토양층으로 빠르게 침투하는 동시에 상당한 양의 빗물이 토양 컬럼을 통해 위쪽으로 올라와 손실되는 것을 관찰할 수 있었다. 이에 대해서는 추후 자세히 설명한다. 대상지에서 산출된 유출수 모델과 '공터에 활기를' 빗물 정원 내 강수량 및 토양 상태 관찰 내용을 기반으로, 우리는 6개월의 관찰 기간 동안 프로젝트 대상지들이 약 749,000갤런(약 2,835,000리터)의 물을 보유하고 있을 것이라 추정하였다. 클리블랜드 부지 조사 추정 결과값에 따르면, 합류식 하수도 월류수 1갤런(약 3.8리터)을 경감하기 위해 7~11갤런(약 26~42리터, 특정 위치의 경우 2갤런 미만)의 빗물 포집이 필요하며, '공터에 활기를' 프로젝트 부지로 인한 합류식 하수도 월류수 감소량은 엄격한 기준에서 연간 최대 180,000갤런(약 680,000리터)까지 가능할 것으로 추산된다.[4]

3개 도시에 흩어져 있는 9개 프로젝트 부지의 빗물 포집량은 해당 지역의 필요 빗물 포집량과 비교하였을 때 적당한 수준을 보인다. 그러나 우리의 연구 결과는 지역 사회에 다양한 여러 이익을 제공할 수 있는 분산된

----

* 역자 주: 포화토(saturated soil)란 토입자 사이의 모든 공극이 물로 채워져 포화된 상태의 흙을 말한다. 일반적으로 지하수위 아래 지반은 포화토 상태로 간주된다.

빗물 관리 시스템 개념의 근거가 된다. 오대호 지역에서만 매년 240억 갤런(약 908억 리터)의 합류식 하수도 월류수가 생성되고 있기 때문에, 녹색 빗물 관리 프로젝트 실천만으로 합류식 하수도 월류수를 경감하려면 '공터에 활기를'과 같은 프로젝트 부지가 13만 개는 건설되어야 한다.

이러한 숫자는 비현실적일 수 있지만, 전략적으로 필요한 위치의 토지 양을 충당하려면 도시계획의 급격한 변화가 필요할 것이다. 그럼에도 합류식 하수도 월류수 경감을 위한 기존 빗물 관리 프로그램 비용과 비교해 볼 때 '공터에 활기를' 같은 사업의 경우 각 부지 조성 비용이 18,000달러로 총 24억 달러*가 소요된다는 계산은 오히려 유용한 사고의 전환이 될 수 있다. 오하이오 주의 경우 북동부 지역 하수 시스템 개선을 통해 75억 갤런(약 284억 리터)의 빗물을 저감하기 위한 동의의결이 필요한 프로그램 비용은 25년간 총 30억 달러가 소요될 것으로 추정된다.[5] 그린 인프라가 도시에 무궁무진한 사회적·환경적 혜택을 제공한다는 점을 고려해 볼 때, 지역 차원에서 빗물 관리 그린 인프라 조성에 20억 달러를 투자하는 것은 언뜻 보기보다 꽤 합리적이다.

합류식 하수도 월류수 경감 비용 추산은 유용한 사례를 제공하지만, 미국의 다른 지역에 가뭄, 수상 운송, 홍수, 흉작 비용이나 물 부족 혹은 과잉 문제가 경제에 미치는 영향을 감안하여 그린 인프라 소규모 네트워크의 재정적 비용 및 혜택을 유사한 방식으로 계산할 수 있다. 그러나 이러한 계산법은 그린 인프라 전략을 순전히 물 관련 문제에 대한 전략으로 내세운다기보다는, 혼성적 전략으로서 그린 인프라가 필수적이지는 않더라도 합리적이라는 점을 분명하게 보여준다. 즉, 빗물 관리 그린 인프라가 콘크리트 위주 시스템의 개선을 위한 비용 투자를 줄일 수 있는 방안인 동시에 부동산 가치, 인류의 건강, 기후 변화 완화 등 지역적 부를 구축할 수

---

* 역자 주: '공터에 활기를' 부지 조성 비용을 개당 18,000달러로 계산할 때, 13만 개소 기준 24억 달러가 소요된다.

있는 방안이라는 점을 설명하고 있는 것이다.

빗물 관리에서 식물의 역할 제고

앞서 5장에서, 빗물 관리 그린 인프라 조성 시 여러 유형의 식물을 유연하게 이용하기 위해서, 식물은 오직 최적의 빗물 관리 실천 사례에 대한 장식적인 역할만을 하며 빗물 처리에는 영향을 미치지 않는 것으로 가정한다는 점을 언급한 바 있다(〈그림 6-2〉 참조). 사실 이러한 가정은 (1)식용 식물을 제외한 많은 식물 유형에서 증발산에 따른 빗물 손실에 관한 연구의 부족, (2)빗물 모델이 빗물 정원의 크기를 지정하는 데 사용되었다는 사실에 근거한다. 기타 빗물 관리 조치는 일반적으로 계산에 식물을 변수로 고려하지 않는다. 빗물 모델에서 식물은 상수값으로서 일정한 효과를 미치거나 또는 최적의 빗물 관리 실천 방안에 포함하기에는 미미한 역할을 하는

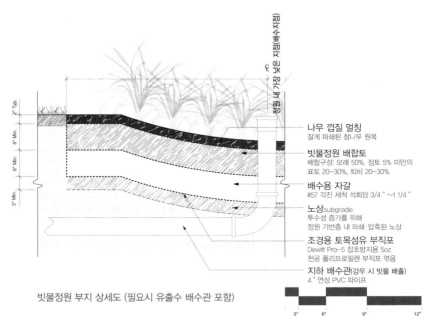

빗물정원 부지 상세도 (필요시 유출수 배수관 포함)

나무 껍질 멀칭
잘게 파쇄된 참나무 원목

빗물정원 배합토
배합구성: 모래 50%, 점토 5% 미만의
표토 20~30%, 퇴비 20~30%

배수용 자갈
#57 각진 세척 석회암 3/4 " ~1 1/4 "

노상subgrade
투수성 증가를 위해
정원 기반층 내 파쇄·압축된 노상

조경용 토목섬유 부직포
Dewitt Pro-5 잡초방지용 5oz
천공 폴리프로필렌 부직포 엮음

지하 배수관(강우 시 빗물 배출)
4 " 연성 PVC 파이프

정원 내 가장 낮은 지점(배수지점)

그림 6-2. '공터에 활기를' 부지 설계안에는 빗물이 지표면에 빠르게 침투할 수 있도록 2피트 높이 석재 및 인공 토양을 갖춘 빗물 정원이 필요하다.

것으로 추정된다.

'공터에 활기를' 빗물 정원 토양 내 수분 손실을 몇 달간 모니터링 하던 중, 버팔로 시의 한 빗물 정원에서 빗물 홈통이 분리되고 층층나무(다경)가 식재된 후 증발산을 통해 일일 최대 25갤런(약 95리터)의 물 손실이 나타나는 것을 관측하였다. 현재 강우 시 빗물 정원의 빗물 수용량은 오직 토양과 관련된 공학적 문제로 여겨지고 있지만, 실제로 빗물 정원 내 식물들이 빗물 관리 수행 능력에 미치는 영향에 대하여 더 연구할 만한 가치가 있다.

놀랍게도 농업 과학 이외의 분야에서 식물 증발산율에 대한 연구는 거의 전무하다. 기존 연구가 없기 때문에, 오히려 추후 작업에서는 식물이 빗물 관리에 기능적 역할을 수행할 것이라는 가설하에 빗물 정원 설계안을 대상으로 이를 실험해 볼 수 있다. 식물이 토양에서 물을 이동시키는 방법에 대한 지식을 기반으로, 실무자들은 생장이 빠르고 표면적이 넓고 뿌리가 깊게 뻗는 식물을 선택함으로써 증발산을 통해 물 손실을 극대화할 수 있다. 교목은 이러한 용도의 식물로 매우 적합하다. 또한 지표면 포장으로 증발산이 방해되는 경우에는 수분 유지 특성을 가진 식물 이용을 재고해 볼 수 있다. 증발을 방해하고 수분을 토양에 잡아 두는 토양 피복용 멀칭의 양을 최소화하는 방법도 영향을 줄 수 있다. 교목이나 목본성 관목을 식재하고 멀칭 구역의 넓이를 축소하는 것 또한 유지 관리 요구 사항을 줄일 수 있는 이점에 추가될 수 있다.

부지 투수성 개선이 빗물 관리에 효과가 있음을 주장하는 유휴지 연구 결과를 다시 살펴보면, 유휴지에서는 일반적인 잔디나 초화류보다 지피 식물이 빗물 관리에 더 효과가 큰 것으로 나타난다. 톨풀, 클로버, 부드러운 페스큐, 키작은 다년생 라이그라스 등으로 구성된 저비용 유지 관리 혼합 잔디는 오대호 및 미국 북서부 지역의 유휴지에서 좋은 성과를 보인다. 이 지피 식물들은 녹화율이 빠르며 가뭄에 잘 견디고, 물 관리 능력을 향상시킬 수 있는 깊은 뿌리를 가지고 있으며, 잡초와의 경쟁에도 강한 편이다. 식재 관련 지침을 엄격히 준수한다는 조건하에, 기존의 '잔디 깎기 금지' 조치나 기타 혼합 잔디 기법들도 유휴지의 빗물 관리에서 어느 정도 성과를 거두었다. 혼합 잔디 식재 요구 사항들은 파종으로 생장한 토착 식물 재배 요구 사항과 유사한 측면이 있는데, 가을 또는 봄에 식재된다는 점(보통 가을을 선호함)과 조성 완료까지 적정 수준의 유지 관리(잔디 깎기 및 물 주기)가 필요하다는 점이다. 그러나 식재하는 중에 잔디 가장자리를 깎으면 대부분 나쁜 생장을 보이기 때문에 식재 지침을 엄격하게 준수할 수 없는 상황에서는 기존에 많이 쓰이는 초화류를 식재하는 것이 더 나을 수 있다.

'공터에 활기를' 모니터링 결과를 통해 제시된 도시 녹화 실무자를 위한 실질적인 추가 권고 사항은, 빗물 관리 조치 시 투수를 촉진하는 인공 토양이 점차 보편적으로 사용되는 경향에 따라 빗물 정원 식재에 대한 기본 권장 사항 또한 조정할 필요가 있다는 점이다. 인공 배합토는 빗물을 장시간 보유하지 않기 때문에 가뭄 기간에는 매우 건조해질 우려가 있다. 건조한 토양 조건에서 견디기 어려운 식물들(대체로 빗물 정원 권장 식물인 다수의 습지 식물, 초원의 우기 식물 등이 포함)은 바이오 투수성 배합토에서도 잘 생존하지 못한다. 반면 배수가 잘 되거나 수분 변동이 자주 일어나는 토양 조건에서 잘 견디는 식물들은 새로운 토양에도 잘 적응한다. 과거 빗물 정원이 작은 습지의 기능을 한다고 배웠던 주민들은 이런 새로운 사실들이 직관적으로 틀린 것처럼 느껴질 수도 있다. 사실 새로운 투수성 배합토에서는 고지대 초원 식물들이 빗물 관리 기능을 더 잘 수행하기도 한다.

그린 인프라의 수행 능력에 입지가 미치는 영향

우리는 '공터에 활기를' 프로젝트 부지 선정 방안 개발 시, 비용 면에서 효율적인 빗물 관리를 위한 물리적 특성 요인들이 무엇이 있는지 살펴보았다. 토양 유형, 지형, 기후, 지하수위는 부지의 빗물 유출량에 영향을 주며 빗물 관리 실행 비용 효율성에 막대한 영향을 미칠 수 있는 자연 요인으로, 서로 다른 지역에 입지한 그린 인프라 수행 능력을 직접적으로 비교하기 어렵게 만드는 원인이다.

동일한 지리적 지역 내에서도, '공터에 활기를' 3개 도시 간 지역 토양 유형 차이가 상당히 크게 나타나며 이에 따라 도시 간 빗물 관리 처리 방법 또한 달라진다. 게리 시는 유휴지 토양 90% 이상이 모래로 구성된 상대적으로 토양 투수성이 높은 지역으로, 빗물 관리 용도의 토지가 필요한가라는 의문이 제기되었다. 그러나 게리 시 일부 지역은 모래 언덕 위에 위치하여 빗물이 매우 빠르게 침투하며, 이로 인해 지하수위가 상승하여 지면 아래에서 홍수가 발생하게 된다. 지하수위가 상승하면, 하수관 파손으로 생겨난 투수 경로를 따라 합류식 하수도 시스템에 물이 추가될 수 있다. 따라서 게리 시와 같은 지역에서 빗물 관리란, 비가 내리거나 눈이 녹는 시기에 물을 상부 토양 컬럼에 붙잡아 지표면으로 흘러나오지 않게 막고 이 물이 지하수위에 도달하는 속도를 늦추는 것을 의미하기도 한다. 또한 유기물, 침적토, 점토 등을 토양에 추가하거나 빗물을 빠르게 흡수하는 식물을 이용하면 빗물 침투를 늦추고 증발산을 통한 물 손실을 개선할 수 있다.

게리 시, 클리블랜드, 버팔로는 오대호까지의 거리와 기후 조건이 비슷하다. 그러나 '공터에 활기를' 계획 시 도시별 토양 유형이나 지하수위의 차이가 고려되지 않았기 때문에, 향후 프로젝트를 수행할 지역에서는 이런 요인들에도 주목할 필요가 있다. 미국의 다른 도시들은 적어도 연중 일부 기간 동안 물 부족 문제를 겪고 있으며, 이러한 지역들에서 빗물 관리의 목적은 투수를 촉진하여 지하수위를 다시 채워주거나 물 부족 시기에 사용할 수 있도록 빗물을 저수하거나 또는 빗물 유출 속도를 늦추는 것이다. 이처럼 기본적으로 지역마다 빗물 관리 상황이 다르기 때문에, 지역별 효과적인 실천 방안에 대한 시사점을 서로 교류하는 과정에서 이러한 차이를 반드시 고려해야 한다. 빗물 정원처럼 가장 단순한 최적의 빗물 관리 실천 방식조차도 입지 조건에 따라 매우 다른 목적으로 이용될 수 있기 때문이다.

그린 인프라 비용과 혜택의 연관성

2008년 호주와 미국의 도시 빗물 관리에 대한 연구에서 연구팀은 지속가능한 도시 빗물 관리를 저해하는 공통의 시스템적 방해 요소가 있다는 점을 확인하였다. 이러한 방해 요소 중 일부는 지속가능한 빗물 관리 실행 비용과 관련이 있는데, 비용의 불확실성, 자금 부족 및 효율적인 시장 인센티브 부족, 빗물 관리 시행에 필수적인 여러 기관 간의 책임 분산 등을 들 수 있다.[6] 이러한 방해 요소는 비단 빗물 관리 문제를 넘어 도시 녹화 프로젝트까지 일반화되고 확장될 수 있다. 이러한 각각의 방해 요소는 적어도 한 도시의 '공터에 활기를' 프로젝트에서 중요한 문제가 되었다.

도시 내 녹지 공간의 혜택이 자세하게 목록화되면서 이러한 혜택들을 부가가치 및 회피 비용을 기준으로 달러 비용으로 환산할 수 있게 되었다.[7] 가치 비용은 빠르게 증가한다. 클리블랜드에서 나무 그늘 비율이 30%인 지역에 도시숲이 제공하는 가치는 최소 대기질 개선, 에너지 절약, 건강에 미치는 영향 등과 관련하여 연간 4,400만 달러로 추산되는데, 이 가치 비용은 현재 19% 수준인 클리블랜드 나무 그늘 비율을 늘리는 대규모 나무 식재 계획 수행 시 소요되는 비용을 불과 몇 년 안에 넘어선다.[8] 그린 인프라의 어려운 점은 혜택이 도시 전체로 분산되기 때문에 실제로 자금을 투자하는 개인이나 기관이 투자금을 회수할 만큼 충분한 재정적 혜택을 받지 못하는 경우가 있다는 점이다. 필요한 공공 혜택의 기본 규모가 있기 때문에 경제학자들은 공적 자금으로 그린 인프라 프로젝트를 인수할 것을 권장한다.[9] 그러나 세금 기반이 축소되는 유산 도시legacy city에서는 규제 준수와 같은 기본적인 요구에도 필요한 만큼의 그린 인프라를 구축하기에 충분한 공적 자금이 없는 경우가 많다.

분산된 책임 주체 간의 대립

'공터에 활기를' 및 기타 도시 녹화 프로젝트에서 법적 책임을 가진 이해관계자와 혜택을 얻는 이해관계자 간에 밀접한 관계가 형성된 도시의 경우,

투자와 혜택 사이의 접점 연결이 보다 용이하다. 버팔로 시처럼 토지은행과 하수 당국, 공공 보건 시설 및 공공시설이 모두 시 정부 산하 기관인 경우, 시 토지은행은 주택 철거를 완료하고 빗물 관리 그린 인프라에 관여할 수 있으며 이는 시 소유 하수 시설에 대한 동의의결 항목에 포함되어 있다. 이러한 경우 소요 비용 및 혜택은 모두 시에서 관리한다. 이와 유사한 사례로 게리 시의 경우, 시에서 유휴지의 소유권을 가지며 동의의결 항목에 포함된 하수 시설 개선 비용을 지불한다. 또한 게리 시 시는 빗물 관리 그린 인프라 프로젝트를 장기적 경제 개발 계획의 일부로 상정함으로써 자금 투자자들을 설득할 수 있었다.

반대로 클리블랜드 시의 경우는 지역 정부 기관이 아닌 비영리 카운티 토지은행이 주택 철거를 수행하였으며, 유휴지는 도시 토지은행으로 이관되었다. 오하이오 주 하수 당국은 이와 별개로 규제 의무에 포함되는 시설 개선에 대해 법적 책무를 가지고 있었다. 이들 3개 기관의 협력을 강화하는 과정에서 상당한 진전이 있었지만 동시에 일부 난항을 겪기도 했다. 예를 들어, 시 정부가 카운티 토지은행이 조성한 빗물 정원과 교목에 대해 유지 관리 지출 여력을 넘어서는 법적 책무를 져야 하는 경우, 또는 하수 시설 개선 작업과 기존에 계획된 도로 유지 관리 작업 시간이 겹치는 경우, 시 정부와 주 하수관리국 중 누가 도로 개보수 비용을 부담할 것인가의 분쟁이 발생하는 경우가 있었다.

과세 기반이 축소된 도시에서는 관리 책임이 여러 기관에 분산되어 있어 도시에 중요한 변화를 가져올 수 있을 정도의 대규모 그린 인프라 프로젝트 수행 시 여러 기관들이 서로 협력하기 어려울 수도 있다. 이런 경우 협력 사례를 이끌어내려면, 회계 업무 시 모든 관련 집단에 대한 비용 및 혜택을 충분히 자세하게 파악해야 한다. 미국 환경보호국은 동의의결 제도를 성공적으로 활용하여 콘크리트 위주의 그레이 인프라 유지 및 개선 비용을 각 도시들이 지출하도록 했다. 규정에 따른 하수 시스템 개선 비용을 충당하기 위해 많은 하수관리국들은 빗물 요금stormwater fee 정책을 시행하였는데, 이는 빗물 처리 양에 영향을 미치는 토지 이용 결정권을 가진 시민 주체들이 직접 빗물 처리 비용 분담하는 것이다. 한 단계 더 나아가, 민간 사유지에서 하수 시스템으로 유입되는 빗물 유출량을 경감시킨 납세자가 세금 감면을 받을 수 있는 빗물 크레딧stormwater credit은 최적의 빗물 관리 실천에 대한 보상으로서 재정적 인센티브를 창출한다. 미국에서 빗물 요금은 상당히 새로운 개념인데, 대규모 토지 소유주를 제외한 대다수의 사람들이 내는 빗물 요금은 전체 빗물 요금의 극히 일부로, 대체로 빗물 관리를 재정적으로 건전한 투자 개념으로 만들기 위한 목적으로 부과된다.

대규모 지상 주차장을 갖춘 대형 할인마트, 지역 종교 기관, 학교 지역 정도의 규모에서 납부하는 빗물 요금을 통해 그린 인프라는 더 많은 인센티브를 창출한다. 클리블랜드 시의 빗물 요금 정책은 시 정부의 부서들이 그린 인프라에 더 많이 투자함으로써 공공 주택이나 시립 건물에 청구되는 대규모의 세금 납부를 줄일 수 있는 방법으로 권장된다(반면 일반 주거 지역에서 빗물 크레딧만으로 빗물 관리 실행 비용을 회수하려면 몇 년이 걸린다).

더 나아가 빗물 크레딧은 납세자 간 거래를 통해 빗물 관리가 가장 필요한 지역에서 최적화된 빗물 관리 방안이 수행될 경우 인센티브를 주는 시스템으로 구축될 수 있다. 이 경우에는 빗물 관리 필요도가 높은 지역에 그린 인프라를 조성하고, 개인 사유지에 그린 인프라를 조성하기 어렵거나 조성하길 원하지 않는 납세자들에게 해당 빗물 크레딧을 판매하는 방식이 가능하다.[10] 빗물 크레딧 거래 제도는 대부분 아직 시범 단계에 있으며, 전체 하수 처리 구역 범위를 넘어가는 경우 빗물 크레딧 거래 상한선을 어떻게 계산할 것인가에 대한 문제가 여전히 남아 있다(거래 상한선은 '크레딧 거래제' 시스템의 절반을 구성하는 필수 요소다). 기후 변화로 미국의 많은 지역에서 에너지 비용 및 물 관리 요구가 증가할 것이 확실하기 때문에, 빗물 요금도 이와 함께 상승할 것이며 혁신적 빗물 크레딧 시스템을 통해 더 많은 재정적 인센티브를 창출할 수 있게 될 것이다.

이해관계자 목록의 확장

도시 녹화로 얻을 수 있는 혜택이 비용으로 잘 정리되면 이해관계자들을 프로젝트에 참여하게 할 수 있으며, 이를 통해 프로젝트 비용 부담을 덜 수 있다. 병원, 보험 회사, 공중 보건기관에서는 고객들의 건강검진 결과를 개선할 수 있는 도시 녹화 실천의 가치를 점차 인식해 나가고 있다. 도시의 나무 그늘은 호흡기 및 심장 건강과 긍정적 관련성이 있는 것으로 나타나는데, 나무 그늘 면적이 넓은 지역에서는 병원 입원 및 사망률이 감소한다. 최근 미국에서는 호리비단벌레의 확산으로 많은 도시에서 나무 그늘의 10%가 손실되었으며, 특히 물푸레나무가 많이 식재된 지역의 경우 높은 국지적 나무 손실 비율을 보이는데,* 이 사례를 통해 나무 그늘과 건강 간의 인과 관계가 입증되었다. 1990~2007년까지 호흡기 질환으로 6,000명, 심장 질환으로 15,000명이 중서부 및 동부 주에서 사망하였는데, 호리비단벌레로 인한 도시 나무 그늘 손실이 영향을 미친 것으로 분석되었다.[11] 한편 공기업들은 냉난방 에너지 부하를 줄이기 위해 도시 지역의 나무에 투자하기 시작했다. 식목일재단The Arbor Day Foundation은 턴키 웹 개발 도구를 이용하여 민간 토지 소유주들에게 나무를 직접 연결해 줌으로써 공기업들이 나무 비용을 직접 쉽게 지불할 수 있도록 지원하고 있다.[12]

도시 녹화 비용은 기능적 용도에 따라 분할될 수 있으며, 각 이해관계자 집단에 따라 회계(및 자금 출처)를 분리할 수도 있다. 빗물 정원의 경우를 살펴보자. 빗물 관리 기능은 토양 등급과 특성에 따라 좌우되며, 빗물 관리 기관은 이러한 토양 구성에 필요한 비용을 지불한다. 관상용 식물이나 또

----

* 역자 주: '서울호리비단벌레'로도 불리는 호리비단벌레(Emerald Ash Borer)는 동아시아 원산으로 2000년대 초 화물을 통해 미국에 유입되었으며, 현재 미국 전역에서 숲을 해치는 해충으로 지목받고 있다. 호리비단벌레는 물푸레나무에 주로 서식하는데, 성충은 잎을 갉아 먹고 유충은 나무 몸통에서 자라 나무를 말라 죽게 한다. 연구에 따르면 동아시아의 건강한 물푸레나무는 천연 저항 물질을 만들어내는 반면, 미국의 물푸레나무는 이를 만들어내지 못해 호리비단벌레의 습격에 취약한 것으로 알려져 있다.

다른 생태적 혜택을 제공하는 나무가 추가로 식재되면 빗물 정원이 개선될 수 있지만, 기능적으로 반드시 필요하지는 않기 때문에 이와 관련된 비용은 지역개발 단체나 생태지향적 성향의 단체가 나누어 분담한다. 나무는 보건 관련 기금을 통해 구입할 수도 있다. 벤치나 놀이 기구 등 레크리에이션 설비는 시설물을 필요로 하는 이해관계자가 별도로 지불하기도 한다. 버팔로 시의 지속가능한 주거를 위한 시민 연대는 설치 및 유지 관리 비용이 녹색 일자리 개발 프로그램이나 사회적 기업의 사업과 통합될 수 있다는 것을 성공적으로 보여준 사례였다.

이처럼 서로 다른 자금 출처를 한데 모으려면 더 많은 노력이 필요하지만, 그럼에도 '공터에 활기를'과 같은 다목적 도시 녹화 프로젝트의 이러한 접근 방식은 각 비용과 혜택을 잘 연결하고 장기적 재정 안정성에 필요한 기금을 제공해줄 수 있을 것으로 보인다. 특히 인프라 개선에 대한 재정적 지원이 제한된 도시라면, 비용 분담 방식을 통해 규모 확장의 실현 가능성을 높일 수 있을 것이다.

기회비용 극복

여러 단체가 토지를 놓고 대립하는 도시 지역에서 도시 녹화 프로젝트 규모 확대를 반대하는 이유 중 하나는 기회비용에 대한 우려이다.[13] 심지어 주택 시장이 빈약하고 다수의 유휴지 개발을 통한 단기적 이익을 거의 기대할 수 없는 도시의 경우에도, 유휴지 도시 녹화는 보통 '건강한 마을 만들기'를 위한 영구적 전략이라기보다는 개발 압력이 다시 높아질 때까지 임시 전략처럼 간주된다. 택지 개발 손실 비용이나 유휴지 활용으로 인한 기타 세금 발생 등 비용 관련 문제로 인해 도시계획가는 유휴지의 영구적인 토지 용도를 도시 녹화에 할당하기 어렵다.

기회비용이 가장 높은 지역은 상대적으로 주택 시장이 강력한 지역이다. 이런 지역에서는 개발 가능 공간을 만들어내기 위해 커뮤니티 정원 및 포켓 정원이 철거되고 있다. 밀집된 도시 지역에서 빗물 관리 그린 인프라는 대체로 도로 보수나 기존에 개발된 공간의 보수 작업 시 조성될 수 있는데, 이 경우 도로나 기존 개발 공간에 대한 접근성이 도시 내 녹지 공간으로 개발되는 공공 필지보다 낮아지면 도시 녹화 투자로 얻을 수 있는 공적 혜택이 감소하게 된다.

모든 지역 사회가 도시 내 녹지 공간을 긍정적으로 지지하게 하려면 도시 내 녹지 공간이 제공하는 사회·경제적 이익, 걷기 좋은 마을에 대한 미래 시장 수요, 기후변화 완화를 위해 남겨두어야 하는 미개발 토지 면적 대비 기회비용을 직접 비교해 보아야 한다. '공터에 활기를' 프로젝트는 소규모 부지에 다양한 토지 용도를 중첩할 수 있다는 가능성을 입증하였으며, 소규모 부지가 제공하는 공공 혜택을 향상시킬 수 있도록 레크리에이션과 빗물 관리 기능을 결합함으로써 기회비용이 상쇄될 수 있다는 점을 분명하게 보여주었다. 장소 특성상 개발업자들을 외면하기 어렵다면, 다기능 녹지 공간이 기회비용을 상쇄하는 열쇠가 될 수 있을 것이다.

그린 인프라 비용의 절감

그린 빗물 관리 인프라가 보편적으로 이용될수록, 단위 비용을 절감할 수 있는 여지가 생긴다. 현재 빗물 관리 그린 인프라 조성 비용의 범위는 상당히 넓은데, 이는 수행 기준, 방법, 자금 출처 등 비용에 영향을 미치는 변수들의 자체 변동폭이 크기 때문이다. '공터에 활기를' 프로젝트에서는 자금 마련이 제한적인 지역에서도 같은 프로젝트를 수행할 수 있도록 조성 비용을 낮게 유지하고자 했다. 프로젝트 소요 비용은 필지 당 7,000달러에서 35,000달러까지 다양했으며, 평균 비용은 필지 당 18,000달러 수준으로 나타났다. 유지 관리 비용은 부지당 연간 1,000달러에서 2,000달러가 소요되었다(클리블랜드의 자연 놀이터 부지처럼 조성 후 예상치 못한 설계안 조정이 발생한 경우는 이 비용에서 제외하였다). 비슷한 규모의 녹색 빗물 관리 조치 비용의 경우 80,000달러 이상이 소요된다. 그러나 필라델피아 등 몇몇 도시의 깨끗하고 친환경적인 지역 미화 전략과 비교해 보면, '공터에 활기를' 프로젝트 비용은 대부분의 시 정부와 지역 단체가 대규모 사업 실행 시 지불할 수 있는 비용보다는 여전히 높다.

빗물 관리 당국에서 빗물 관리 그린 인프라에 더 많은 자금을 지원하면서 수행 능력 측면에서 합리적 비용 평가가 이루어지고 있으며, 빗물 관리 그린 인프라는 그레이 인프라의 대안으로서 고려되고 있다. 흔히 그린 인프라는 그레이 인프라의 저비용 대체재로서 제시되지만, 실제 현장에서 그린 인프라의 성능 대비 비용—일반적으로 갤런당 빗물 처리 비용이나 갤런당 합류식 하수도 월류수 경감 비용으로 추산된다—은 그 폭이 상당히 넓다. '공터에 활기를' 프로젝트 조성 비용을 부지의 빗물 포집량으로 나누어 보면, 부지당 빗물 포집 비용은 갤런당 0.06~0.19달러이며 이를 환산하면 합류식 하수도 월류수 경감 비용은 갤런당 0.58~1.95달러로 추산된다(〈표 4-1〉 참고). 빗물 포집 비용에 대한 목표 원가는 지역 입지에 따라 달라지는데, 지역마다 수처리 관련 에너지 비용이나 필요한 빗물 관리 유형, 강수량이 다르기 때문이다. 클리블랜드 시에서는 그린 인프라를 포함한 빗물 관리 기법 수행 시 빗물 포집 목표 원가 허용값을 갤런당 1.51달러로 계산하고 있는데, 그레이 인프라 전용 기법의 경우에는 갤런당 0.75달러가 소요된다.[14]

'공터에 활기를' 프로젝트에서 입지 조건은 빗물 포집량과 갤런당 빗물 처리 비용에 큰 영향을 미치는데, 이는 빗물 정원으로 유입될 수 있는 유출수의 입지적 변동성 때문이다. 입지 조건은 3차원 공간 범위에서 비용 효율성에 영향을 미친다. 또한 빗물 정원(집수 구역) 인접 주변 지역에서 빗물 홈통 분리나 낮춤경계석이 적용될 경우 갤런당 빗물 비용 추산에 큰 영향을 미치는데, 이는 저렴한 비용으로 상대적으로 많은 양의 지표면 유출수를 우회시킬 수 있는 방법이기 때문이다. 예를 들어, '공터에 활기를' 프로젝트에 빗물 홈통이나 낮춤경계석이 추가 적용될 경우 갤런당 약 0.25달러의 추가 비용만으로 상당히 많은 양의 빗물을 추가로 빗물 정원에 흘려 보낼 수 있게 된다.

클리블랜드 시 정부는 특히 빗물이 주민 소유 필지에서 시 소유 필지로

가로질러 이동하는 경우 빗물 홈통 분리에 대한 법적 책임 소재 문제가 발생할 것이라 우려하였다. 결국 시는 유출수를 시유지로 우회시키는 것과 관련된 법적 책임이나 장기적 유지 관리 문제에 대한 법적 책임을 지지 않겠다는 입장을 밝혔다. 또한 클리블랜드 시 정부는 장기적 유지 관리 책임 소재에 대해서도 우려를 표명하였다. 과거 시 하수국에서 낮춤경계석을 설치한 사례는 있었지만 이 경우 해당 필지는 하수국 소유로 하수국이 필지에 대한 영구적 책임을 갖고 있었다.

이와 유사하게 게리 시 정부는 빗물 홈통 유지 관리 및 책임 소재 문제, 즉 홈통과 배관은 누가 관리할 것이며 낙엽이나 쓰레기가 막혔을 때 누구에게 책임 소재가 있는가의 문제로 인해 빗물 홈통 분리 작업이 포함된 계획안을 반려하였다.

버팔로 시에서는 일부 부지의 '공터에 활기를' 프로젝트에 빗물 홈통 분리 작업이 포함되었는데, 이는 지역 개발 조직이 임대 주택 및 인접 유휴지를 소유하고 있었기 때문에 가능했다. 이러한 경험에 비추어 볼 때, 유휴지로 연결된 빗물 홈통 분리 작업은 필지 간 소유권이 일치하는 경우 가장 용이한 것으로 보인다.

이러한 문제의 해결책을 찾는다면 빗물 관리 그린 인프라의 비용 효율성이 크게 향상될 수 있을 것이다. 향후 프로젝트 시 수행 가능한 차선 해결책으로는, 필지 소유주가 동일하여 빗물이 다른 필지로 이동할 수 있는 부지를 의도적으로 프로젝트 대상지로 선택하는 방법이 있다. 예를 들어, 빗물 관리 기능을 사이 뜰에도 적용하거나, 시 소유 건물에서 발생한 유출수를 인접 시 소유 유휴지로 우회시키는 방법 등을 들 수 있다. 또한 부지가 향후 개발될 우려가 있는 경우, 부지 이전 및 향후 개발 시 빗물 정원과 낮춤경계석 처리 방법을 세부적으로 명시한 방침을 작성함으로써 이를 해결할 수 있다.

하수 처리 구역처럼 공간 규모가 큰 경우, 그린 인프라의 갤런당 빗물 처리 비용은 하수 처리 구역 규모에 영향을 받는다. 하수 처리 구역의 규모는 빗물 포집 시설이나 수처리 시설 또는 유출수의 흐름을 통해 최종적으로 형성되는 합류식 하수도 월류량을 결정한다. 클리블랜드 시에서는 특정 하수 처리 구역 내 대규모 저수 터널을 통해 모든 빗물 유출수를 직접 수처리 시설로 보내 합류식 하수도 월류수가 발생하지 않도록 하고 있기 때문에, 합류식 하수도 월류수 경감 측면에서는 그린 인프라가 그다지 필요하지 않지만 수처리 비용 경감 측면에서는 훨씬 더 효율적일 수 있다. 여기서 중요하게 고려해야 할 사항은 하수 처리 구역마다 대응 수준이 다르다는 점이다. 예를 들어, 클리블랜드 일부 하수 처리 구역의 경우 빗물 유출수 7갤런만으로도 합류식 하수도 월류량 1갤런을 생성한다.[15] 지형 및 하수도 구조가 다른 하수 처리 구역에서는 유출수 12갤런당 합류식 하수도 월류량 1갤런을 생성한다(그러나 동일 유역 내에서도 지역 단위 처리 구역에서는 이 비율이 2:1까지 낮아질 수 있다). 따라서 더 적은 빗물로도 범람이 일어날 수 있는 하수 처리 구역의 경우 그린 인프라는 합류식 하수도 월류수 생성에 더 많은 영향을 미치며, 이는 갤런당 합류식 하수도 월류량 경감 비용을 낮추는 데 기여한다.

우리는 '공터에 활기를' 프로젝트 입지 선정 시 이러한 요인들 중 일부를 고려한 바 있다. 그러나 프로젝트에서 얻은 시사점과 이용 가능한 새로운 데이터를 활용하면서 부지 소유권이나 지형 요인을 고려한다면 빗물 관리 그린 인프라의 비용 효율성이 더 크게 향상될 수 있을 것이다. 갤런당 비용을 추산하는 방식이 계속해서 의사 결정을 이끄는 강력한 요인이 될 경우, 최종적으로 이러한 항목들은 대규모 그레이 인프라 투자에 대한 실행 가능한 대안이 될 수 있는 수준까지 그린 인프라를 확장하기 위해 활용될 것이다.

주민 참여

장기적으로 그린 인프라의 규모를 확장하기 위해서는 지속적인 주민 참여를 통해 도시 경관의 차원에서 주민의 선호 요소에 생태적 건강에 관한 고려를 포함시키고, 도시 녹화 실천이 기존 지역 사회의 가치와 문화를 반영하도록 보장해야 한다.

유지 관리 절감은 가치 절감이 아니다

앞서 설명한 바와 같이, 도시 지역에서 유지 관리가 적게 소요되고 생태 친화적 경관을 조성하는 데 있어 난관은 이런 경관이 근본적으로 낮은 사회적 가치를 지닌 것으로 인식된다는 것이다. 여기에는 두 가지 이유가 있다. 첫째, 유지 관리 요구 사항은 부와 지위의 표식일 수 있기 때문에 유지 관리 비용이 많이 들어가는 경관의 수요가 더 많다고 볼 수도 있다.[16] 골프장이나 왕립 정원을 생각해보자. 우리는 이런 경관을 미적으로 아름답다 여기는데, 여러 이유 중 하나는 이곳의 평범하지 않음을 만들어 내는 데 들어간 노동에서 기인한다. 이상한 식물이 이상한 모습으로 동일하지 않은 장소에 놓인 것이다. 이국적 품종, 전정 수목, 사막 속 푸르른 정원이 살아남기 위해서는 모두 특수한 기술과 고도의 노동을 필요로 한다. 이들의 생명을 지속시키는 능력에는 보통 부와 명성이 요구된다. 보다 수수한 규모의 잡초가 없는 녹색 잔디밭은 자연스럽게 자라는 공간과 매우 다른 공간을 만들어 낼 시간과 자원이 주택 소유주에게 있음을 뜻한다.

둘째, 사람들은 경관 가치에 대한 개인의 가치관에서 생태적 건강을 중요하게 다루지 않는다.[17] 미국인은 일반적으로 식물에 대해 매우 낮은 교육 수준을 지니고 있어 우리 경관에서 식물을 인식할 능력이 없다는 현실로 이어지며, 이 현상은 '식물맹plant blindness'이라고 불린다. 식물에 대해 정식 훈련을 받지 않는 사람들은 낮은 생태학적 완전성의 지표인 침입성 식물 비율, 낮은 생물 다양성, 또는 과거에 사람이 개입한 흔적을 인식하지 못한다. 도시 거주자는 심지어 생태학적으로 좋지 못한 것을 선호할 수도 있어 잡초를 뽑거나 제초제를 사용해 식물의 생물 다양성을 제한할 수도 있다. 단일 품종으로 재배된 잔디밭은 이런 상황을 단적으로 보여준다. 또한 다양한 선택권에 비해 매우 협소한 일반적인 조경 식물군을 비교해 보

라. 장식적 그래스류조차 오랫동안 비비추, 관목, 교목을 선호해 온 도시 평지에서는 비교적 새로운 요소이다.

보다 생태학적으로 사고하는 사람들은 식물맹이 얼마나 흔한지 잊어버리곤 한다. 골프장과 잔디밭이 흔한 땅에서 토종 초원의 조각은 기이하게 보일 수 있다. 고의로 유지 관리를 하지 않은 경관에 대한 부정적인 인식 (잡초 투성이에 추하고 투자 감소의 표식이라는 것)은 중요하지 않다. 깔끔한 도시 녹화 프로젝트가 스트레스를 경감하고 (이를 통해 인간의 건강과 난폭한 범죄 통계를 개선할 수 있다) 부동산 가격을 상승시킨다고 확인되었지만, 관리되지 않은 유휴지는 정반대의 효과를 낳는다.[18] 이런 필지의 지역에 대한 부정적인 사회경제적 효과는 도시민이 유지 관리 요구 사항과 외관에 부여하는 가치에서 비롯된 것이다.

투자 중단의 결과로 오랜 기간 고통받아 온 쇠퇴하는 지역의 경우, 관리되지 않은 모습을 지닌 경관을 (고의든 아니든) 만들어 내는 윤리적 차원의 문제가 있다. 일반적으로 봤을 때 안정되고 부유하여 부동산 가치에 큰 영향을 받지 않는 지역의 거주민이 받아들이지 못하는 조경 프로젝트를, 불안정하고 부동산 가치에 민감하여 프로젝트를 거부하기 힘든 지역에서 실행하는 것은 비윤리적인 행위이다.

그렇다고 해서 유지 관리가 덜 드는 도시 녹화 프로젝트를 이런 사업이 필요한 쇠퇴 지역에 사용하면 안 된다고 하는 것은 아니다. 오히려, 우리는 '공터에 활기를' 프로젝트를 도시 녹화 프로젝트의 안정화 영향에서 가장 혜택을 받을 법한 지역에 위치시켰다. 대신, 유지 관리가 필요 없는 도시 녹화 프로젝트를 윤리적으로 추진하기 위해 지역에 고착된 문화적 규범에 따라 조성하기로 했다. 시간이 지나며 이런 프로젝트는 유지 관리 요구 사항이 적은 경관이 시민들에게 인식되는 척도를 바꾸고 생태적 가치와 미적 가치 사이의 틈새를 메꿀 수 있을 것이다.

저비용 유지 관리 도시 경관에 대한 여론의 전환

학술 문헌은 경관의 미적 가치와 생태적 기능을 보다 밀접하게 연계하는 세 가지 방법을 제안한다. 교육적 캠페인, 좋은 설계, 그리고 대중의 인식을 전환하기 위해 얼리어답터early adopter를 활용하는 것이다.[19] 도시 녹화 실무자가 교육에 온갖 노력을 쏟으며 빗물 정원이 물을 여과하고 서식처를 제공한다는 단순한 이야기를 주민에게 잘 전하면 빗물 정원을 싫어하던 주민이 기존의 태도를 버릴 것이라고 믿는다. 교육이 생태 친화적 경관에 대한 주민의 선호를 높일 수 있지만,[20] 그것은 보다 친환경적 수단을 포함하도록 경관의 문화적 이해를 전환하기 위한 다차원적 접근 중 하나의 요소에 불과하다.

좋은 설계는 깔끔한 경계를 통해 그 내부의 깔끔하지 않은 공간에 대한 용납의 폭을 넓히는 사례처럼 돌봄과 목적성을 띤다. 깔끔한 경계란 잔디가 깔린 공간으로, 추가로 단순한 울타리가 설치되어 있을 수도 있다(필라델피아의 랜드케어LandCare 프로그램이 바로 이렇다). '공터에 활기를'의 경우, 케이블 울타리, 지그재그형 철조망, 볼라드 울타리까지 여러 유형의 저비용 장식 울타리로 실험을 해보았다. 울타리 관리 비용을 줄이고 도시의 나무 그늘을 키우고자 클리블랜드와 디트로이트에서는 나무로 만든 살아있는 볼라드 울타리를 실험했다. 경계 외에도 우리의 지역 협력체인 지속가능한 주거를 위한 시민 연대가 버팔로에서 깔끔한 외관을 유지하면서 유지 관리 요구 사항을 줄이기 위해 발견한 방식에는, 사용되는 식물 품종을 제한하는 것, 그리고 퇴비화된 멀칭을 덮은 화단에 적당한 공간을 띄운 채 식물을 심는 것 등 두 가지 기술을 활용했다. 그들은 다른 맥락에서 잡초라고 생각될 법한 토착 식물을 사용했으나, 여전히 이 공간이 관리받고 있음을 보여주는 방식을 선택했다.

마지막으로, 주민 행동 방식에 가장 큰 영향력을 미치는 것은 이웃 주민의 활동이라는 증거가 나오고 있다. 이웃 주민은 다양한 행동을 도출해내는 데 굉장한 영향력이 있다는 점이 확인되었다. 예를 들어 가구당 전력

소비량 절감[21]이나 정치적 표지판을 잔디밭에 세우는 것,[22] 친환경적 경관을 허용하는 것 등이 있다.[23] 지속가능한 토지 이용의 얼리어답터들은 시간이 지나 대중의 의견을 전환하기 위한 홍보대사로 활동할 수 있다. 실무자에게 있어 의지가 있는 주민과 관계를 쌓아가는 것은 교육적 캠페인을 통해 여론을 움직이려는 것만큼이나 중요하다.

문화적 소통

도시 녹화 프로젝트가 현재 그곳에 살고 있는 주민들을 위해 설계된 것이라면, 젠트리피케이션을 일으키는 데 기여하지 않는 동시에 도시 재개발을 개시하며 문화유산을 보존하고 전달하는 것에 도움을 줄 수 있다.[24] 빗물 정원에 장식용 벼과 식물과 초원 식물을 사용하는 것이 유행이지만, 빗물 관리 시설은 지역 사회를 반영하는 식물을 활용할 유연성을 지니고 있다. '공터에 활기를' 지역의 경우, 유행하는 식물은 전혀 선호되지 않았고, 두 부지에서는 주민에 의해 제거되기도 했다. 지역 기반 조경 업체는 대중적이고 프로젝트의 목적에 부합하며 토양 상태, 초식 동물, 절도, 거친 놀이 등 지역 내부로부터의 위협을 버틸 수 있는 식물에 대한 좋은 조언자이다. 전통적인 잔디 마감이 강하게 박혀 있는 지역에서 빗물 관리 그린 인프라를 설치할 수 있는 유일한 방법은 빗물 관리 시설에 잘 깎인 잔디와 장식적인 나무를 심는 것일 수도 있다.

새로운 투자가 들어오는 지역의 경우, 주민들은 기금 관리자, 기관, 정부, 업체 등 외부 이해관계자들이 자신들의 지역 문화에 미치는 종합적인 영향에 예민해질 수 있다. 역사적으로 경제적 호황으로부터 배제되어 온 유색 인종 지역의 경우, 도시 녹화 프로젝트는 배제에 관한 오랜 두려움을 다시 불러일으킬 수 있다. 주민들은 투자에 대해 기쁘지만, 또 한편 이런 프로젝트가 결국 자신들을 밀어낼 변화의 표식이라고 우려한다. 이런 두려움은 특히 프로젝트 리더가 백인이거나 혹은 지역 사회를 잘 알지 못하는 경우 특히 강하게 나타난다.

게리 시의 경우, 역사적 불공평을 인지하고 주민들에게 경제적 부흥이 일어날 수 있도록 보장하고자 지역 업체와 자재 공급업자를 최대한 많이 포함시켰다. '공터에 활기를' 프로젝트에서는 이웃 도시의 조경 업체가 시의 도시보존 팀과 협력해 부지를 준비하고 완공할 수 있었다. 이 업체는 또한 도시보존 팀을 부지로 초대해 빗물 정원 시공과 같은 공사의 기술적 요소를 관찰하도록 했다.

인력 개발 관련 프로그램은 도시 녹화 프로젝트가 지역 사회를 지원할 수 있는 또 다른 방식이다. 프로젝트 유지 관리를 위한 안정적인 자금원을 찾는 것은 어려운 일이지만, 친환경 인력 개발을 지원하기 위한 자금 확보 기회는 훨씬 많다. 이런 프로그램은 프로젝트 유지 관리를 수행하는 동시에 지역 사회 구성원이 친환경적 직업에 접근할 수 있는 가장 확실한 정보 경로가 될 수 있다.

소규모 그린 인프라로 구성된 대규모 도시 네트워크

그린 인프라를 도시 지역에 깊숙이 집어넣기 위해서는 녹지 공간이 어떻게 생겨야 하는지, 어떤 기능을 수행할 수 있는지, 얼마나 있는지, 어디에 위치하는지, 누가 지원하는지에 대한 시스템 수준의 변화가 필요하다. 이런 시스템적 변화에는 자금의 병목funding bottlenecks 현상이나 새로운 친환경 기술을 허가하지 않는 구식 도시 조례 등 누구나 알 법한 장벽과 미래의 도시 개발 형태가 과거의 것을 닮아야 한다는 선입견과 같이 개념적 장벽이 함께 존재한다. 스마트 ⑴개발로 도시가 나아가는 방향을 정하기 위해서는 기업가적 태도가 요구된다. 반복적으로 도시 녹화 작업을 실천하고, 습득한 교훈을 빠르게 적용하고, 변화하는 기금 우선순위의 장점을 취하기 위한 메시지를 보내는 한편, 지속가능성, 공평성, 실용성과 같은 기본 원칙을 유지해야 한다. 실무자 또한 의사 결정을 간소화하는 새로운 도구의 개발과 더 많은 협력자로부터 배우고 유대할 수 있는 전문가 네트워크를 확장함으로써 많은 혜택을 받을 수 있을 것이다.

새로운 접근 방식을 위한 정책적 발전

많은 도시에서 다양한 지속가능한 토지 이용 방법을 금지하거나 크게 제한을 두는 조례가 여전히 시행되고 있다. 예를 들어, 도시는 하수도나 혹은 빗물 시스템에서 빗물 홈통을 분리하는 것을 금지하여 그레이 인프라에 필요 이상의 부담을 주는 동시에 그린 인프라의 효과를 저감시킨다. 어떤 도시에서는 가장 작은 그린 인프라 조성에도 하수도 시스템에 연결되는 월류수 배수로를 요구할 수 있다. 이러한 조례는 더 많은 도시가 좋은 결과를 보여줌에 따라 점진적으로 개정되거나 철회되고 있다. 예를 들어, '공터에 활기를' 프로젝트 진행 과정에서 버팔로가 모든 프로젝트에 하수도 시스템에 월류수를 요구하던 것에서 특정한 몇몇 경우에만 요구하는 것으로, 그리고 거의 모든 프로젝트에서, 심지어 동선 가까이 놓인 곳에서조차 철회하는 것으로 변화하는 것을 보았다. 규제를 제거하기 위한 다음 단계로는 나무를 보호하고 심거나 최소한의 빗물 포집 등 친환경적 사업을 필수 조건으로 삼거나 인센티브제로 운영하는 새로운 정책을 마련할 수 있다.

그린 인프라의 효력을 보여주는 연구는 점점 더 많아지고 이를 통해 정책이 발전했지만, 정책 입안자에게 가장 와닿는 것은 부지 답사나 시범 프로젝트를 통해 얻은 직접적 경험이다. 따라서 성공적인 시범 프로젝트가 없었던 도시 녹화 사업을 하는 도시 실무자는 많은 부담을 느낄 수 있다. 그 실무자가 이런 사업을 시공하는 데 경험이 적고 기존의 정책이 프로젝트의 성공에 많은 장벽을 세우고 있다고 해도 마찬가지다. 점차 자라나는 지역 단위와 국가 단위의 전문가 네트워크는 경험이 적은 전문가를 직접적인 경험을 공유할 수 있는 다른 지역의 유사한 상황에 놓인 사람과 연결시킴으로써 지속가능한 사업을 확장하는 데 기여하고 있다. 이런 네트워크는 도시숲, 도시농업, 그린 빗물 인프라 분야에 모두 존재하고 있다.

지속가능한 조경 사업에 첫 발을 내딛는 실무자의 경우, 설계자이건 조경 시공자이건 프로젝트 매니저이건 지역 사회 협력체이건, 좋지 못한 프로젝트 결과로 인해 지자체가 새로운 지속가능성 프로젝트를 시도할 의지를 수년 전으로 돌려보내는 확률을 줄이기 위해 특정 전문가 네트워크의 문을 두드릴 필요가 있다. 실무자는 또한 프로젝트 매니저에게 시간을 할당하여 하청업체도 주의 깊게 모니터링하고, 하청업체가 지침을 준수하는지 확인하여 비용이 많이 드는 오류와 채택 지연을 방지해야 한다. 이런 이유로 공사를 지시할 수 있도록 현장에 상주할 수 있는 프로젝트 매니저가 선호된다.

도시 녹화와 지역 조직의 통합

지금의 경제적 하강세를 이겨내고 미래에 인구가 다시 늘어날 것이라고 여겨지는 탈산업 도시의 경우, 유휴 택지가 언젠가 과거와 같이 주택 유형으로 다시 개발될 것이라는 무언의 기대를 종종 찾아볼 수 있다. 단독주택으로 구성된 지역 사회를 구축하는 것은 과거의 실수를 반복하고 기후 변화라는 미래의 위협을 무시하는 행위이다. 기후 회복탄력성 차원에서 보다 생태적으로 올바른 접근 방법은 주거 밀도를 높이고 지역 내 녹지 공간을 증대하는 것이다. 이와 같은 유형의 지역 개발은 단독주택과 같은 저밀도 주거에 비해 낮은 에너지 소비를 보이고, 레크리에이션, 걷기, 자전거 타기를 장려하며, 깨끗한 공기와 물을 제공한다.

개발업자와 잠재적 주택 구입자의 개발 및 구매 의욕이 꺾여서는 안 된다는 입장을 취하는 탈산업 도시에서는 고밀도 주택의 시장성이 낮다고 보는 분위기가 존재한다. 하지만 미국은 이미 도시 생활을 상상하는 방식에서 문화적 변화를 겪고 있다. 전미부동산협회가 실시한 지난 세 번의 설문 조사에 따르면, 대규모 광역도시에 살고 있는 설문 답변자 대부분이 보행 가능한 지역의 작고 서로 붙어있는 집을 선호한다고 밝혔다.[25] 청년 인구는 직장에 보다 가깝고 대안적인 방법으로 접근하고 싶어 하며, 중장년 세대는 나이가 들며 다층으로 된 단독주택에서 집을 축소해 보다 보행 친화적인 지역과 생활 방식으로 전환하고자 한다. 이런 시장의 수요는 탈산업 도시가 옛 지역 사회를 구현하기보다 현대적 욕망을 채우고 넓은 도시 내 녹지 공간을 포함하는 새로운 주택을 건설할 기회를 제공한다.

영구적 녹지 보존에서 장기적 지역단위 계획으로

제조업 쇠퇴의 이면에는 미국의 탈산업 도시가 깨끗한 녹지 공간을 가지고 경제, 주민, 환경을 지탱하는 활기찬 도시 지역으로 재창조될 수 있는 기회가 있다. 특히 러스트 벨트 도시가 재개발을 계획 중인 현재, 레크리에이션, 빗물 관리, 보다 깨끗한 공기, 온화한 기온, 더 나은 주민의 건강을 위해 충분한 녹지 공간을 가진 보다 건강한 지역 사회를 지을 수 있는 창구가 열려 있다고 볼 수 있다. 역사적으로 봤을 때, 도시가 확장하고 개발 밀도가 증대할수록 녹지 공간의 보존과 계획을 중요하게 여기지 않는 계획 방식으로 인해 사유 녹지 공간과 공공 녹지 공간 모두 유실되는 상황이 이어져 왔다.[26] 필라델피아, 뉴욕, 시카고와 같은 대규모 고밀도 미국 도시는 빗물 관리, 도시열섬 완화, 그리고 도시숲을 처리할 수 있도록 녹지 공간을 개조하고 있다. 개발로부터 토지를 보존하기 위한 계획 – 얼마나 많은, 어디에 위치한 땅이 보존되어야 하는지를 포함한다 – 은 탈산업 도시가 미래에 필요한 충분한 녹지 공간을 확보하도록 보장할 수 있다.

여러 기관으로 파편화된 책임 소재가 도시 녹지 프로젝트의 규모를 키우기 어렵게 하는 것과 마찬가지로(5장 참조), 도시 녹화 분야의 실무자 부족은 도시 내 녹지 공간을 시나 지역 계획의 수준으로 끌어올리는 데 장애가 된다. 만약 도시 농부, 도시 산림 관리인, 토착 식물군 전문가, 빗물 관리자가 개별적으로 계획을 논의하는 데 많은 힘을 낼 수 없다면, 협력을 통해 대규모의 장기적 녹지 공간 보존에 있어 보다 효과적인 캠페인을 실천할 수 있을 것이다.

보다 긴밀한 작업에서 얻는 또 다른 이득이 있다. 도시 녹화 분야는 서로에게서 배울 점이 있다. 예를 들어, 도시 농부는 빗물 관리자에게 사회 정의에 대한 이야기를 공유해 줄 수 있으며, 도시숲 관련 의사 결정 방법은 기타 그린 인프라에도 적용이 가능하다. 공원은 지역 계획과 이미 긴밀하게 연관된 녹지 분야이다. 다른 분야는 공원 전문가와 상호 관련된 부분에 있어 협력을 통해 공원이 지역 계획에서 가지고 있는 지위와 역할로부터 도움을 구할 수 있을 것이다. '공터에 활기를' 프로젝트는 레크리에이션과 빗물 관리 간 잠재적 중첩을 보여준다. 공원은 또한 도시숲 및 토착 식물 보존과 자연스럽게 시너지 효과를 낸다. 유사한 방식으로, 도시농업과 커뮤니티 정원은 뉴욕이나 로스엔젤리스와 같은 도시 밀집 지역에서 공간 배정을 받는 데 성공했다. 주민, 그린 빗물 인프라, 도시 나무 그늘, 토착 식물 간의 상호 이득을 위해 도시농업 – 특히 강력한 지역 사회 조직 뿌리를 지니고 있다 – 에서 배우고 함께 연대를 구축해야 한다.

유휴지가 많은 도시의 경우, 공간 정보 분석을 통해 유휴지를 도시 내 녹지 공간으로 보존할지에 관한 의사 결정을 할 수 있다. 도시숲은 공간 분석 도구가 변화를 일으키는 힘을 보여주는 좋은 사례이다. 수십 개의 미국 도시는 일련의 무료 혹은 유료 툴키트, 컴퓨터 소프트웨어, 그리고 의사 결정권자를 위한 안내 문서 모음 덕분에 도시 나무 그늘을 확장하기 위한 나무 심기 및 유지 관리 계획을 수립할 수 있었다. 이런 제품은 도시가 도시 그늘의 가치를 이해하고 그늘을 늘리기 위한 목표를 수립하고 달성하는 데 도움이 된다. 이러한 도구의 예로는 미국 농무성USDA 산하 산림청이 보급하는 아이트리i-Tree 소프트웨어나 '미국의 숲American Forests' 재단의 그늘 평가와 목표 수립 참고 자료가 있다. 이와 같은 도구가 보여주는 도시 나무 그늘의 가시적 가치는 나무 심기와 유지 관리를 위한 기금 마련 수단에 있어 혁신을 이끌었고, 그 단적인 예로 나무 심기 프로젝트를 시의 보건 예산에 책정하였다. 최근 공원 자원을 목록화할 수 있는 도구를 통해 모든 주민이 걸어서 10분 안에 양질의 공원에 접근할 수 있도록 하는 사업이 시행되었으며,[27] 필라델피아의 경우 공간 정보를 활용해 그린 빗물 인프라 네트워크를 계획하고 있다.[28] 현재 뉴욕 주에서는 다양한 토지 사용을 위한 유휴지의 적합성에 대한 공간 분석이 이제 주 전체의 장기 녹지

공간 계획에 반영되고 있다.[29]

만약 이러한 도구가 종합적으로 활용되고 확장된다면, 영구 보존을 위해 남겨야 하는 유휴지의 수량과 위치를 중심으로 지역의 장기 계획을 이끄는 도시 내 녹지 공간의 통합적, 정보 중심적 의사 결정 지원 방안을 구축할 수 있을 것이다. 대기 질의 개선이 필요한 지역을 식별하는 방법을 통해 도시 나무 그늘 확장 계획을 구축한 것과 마찬가지로, 일련의 컴퓨터 소프트웨어가 미래의 사회·환경적 변화에 대응하기 위한 빗물 포집량 및 위치 선정, 탄소 저장, 공기 질 개선, 온도 조절 등에 관한 시의 의사 결정을 이끌 수 있을 것이다. 기존의 그리고 잠재적 사회·환경적 이득을 계산하여 개발론에 대응하는 설득력 있는 주장을 제공해야 한다. 지역 단위에서는 이런 정보가 보행 중심의 건강한 지역 사회, 공평성, 기후 회복탄력성과 같은 도시의 우선순위를 충족하는 데 필요한 유휴지의 수량과 분포에 관한 의사 결정을 이끌어낼 수 있을 것이다.

'공터에 활기를' 프로젝트는 지역 사회의 사회적·환경적 우선순위 간의 균형을 잡을 수 있는 녹지 공간으로 도시 유휴지를 재활용하는 것의 가치와 실현 가능성을 보여준다. '공터에 활기를' 같은 프로젝트의 범위를 소규모 도시 내 녹지 공간으로 구성된 대규모 네트워크로 확장하기 위해서는 그레이 인프라의 투자 대비 수행 능력과 비용 효율에 대한 세밀한 주의가 필요하다. 개발 압력에서 토지를 보존하기 위해 다층적 녹지 활용을 통한 혜택의 가치 배가, 지역 사회의 요구와 토지의 잠재력에 도시 내 녹지 공간의 가치를 맞출 수 있는 공간 분석 도구, 그리고 다양하고 지속가능한 토지 이용 방식에 해박한 도시 녹지 전문가들 간의 의도적인 조정 등이 필요하다.

계속해서 확장하며 보다 공평하게 분포된 도시 내 녹지 공간은 사람과 환경에 더 나은 서비스를 제공하기 위해 도시 구조를 바꿀 수 있는 능력이 있다. 탈산업 도시에서 유휴지의 다목적 도시 내 녹지 공간이란 지역 사회 쇠퇴와 노후 인프라의 관리 비용을 완화할 수 있는 하나의 수단이다. 주민과의 협력 아래 그들의 문화와 요구 사항을 반영하여 설계된 도시 내 녹지 공간은 역사적으로 경제 부흥으로부터 소외되었던 지역 사회를 강화할 수 있는 계기이기도 하다. 미국 전역의 도시에서 '공터에 활기를'과 같은 도시 녹화 프로젝트는 도시의 라이프 사이클 전반에 걸쳐 일어나는 경제적, 지역 사회적, 환경적 변화에 대응할 수 있는 건강하고 보행 친화적인 사회를 만드는 전략으로 활용될 수 있다.

---

1. Clarence N. Stone, Robert P. Stoker, et al., *Urban Neigborhoods in a New Era: Revitalization Politics in the Postindustrial City* (Chicago: University of Chicago Press, 2015).

2. Allison H. Roy, Seth J. Wenger, Tim D. Fletcher, Christopher J. Walsh, Anthony R. Ladson, William D. Shuster, Hale W. Thurston, and Rebekah R. Brown, "Impediments and Solutions to Sustainable, Watershed-Scale Urban Stormwater Management: Lessons from Australia and the United States," *Environmental Management* 42, no.2 (2008): 344-359.

3. Sandra L. Albro and Joseph F. Koonce, 작성 중인 원고(2018).

4. 연 평균 빗물 관리량은 국립기상청(National Weather Service)에서 제공하는 3개 도시의 30년 강수량 평균값을 이용하였다.

5. NEORSD, *Green Infrastructure Plan* (Cleveland, OH: NEORSD, 2012).

6. Roy et al., "Impediments and Solutions to Sustainable, Watershed-Scale Urban Stormwater Management."

7. Luke M. Brander and Mark J. Koetse, "The Value of Urban Open Space: Meta-Analyses of Contingent Valuation and Hedonic Pricing Results," *Journal of Environmental Management* 92, no.10 (2011): 2763-2773.

8. Cleveland Tree Coalition, *Reforesting the Forest City: The Cleveland Tree Canopy Goal* (Cleveland, OH: Cleveland Tree Coalition, 2018).

9. Hale W. Thurston, ed., *Economic Incentives for Stormwater Control* (Boca Raton, FL: CRC Press, 2011).

10. Hale W. Thurston, Haynes C. Goddard, David Szlag, and Beth Lemberg, "Controlling Storm-water Runoff with Tradable Allowances for Impervious Surfaces," *Journal of Water Resources Planning*

and *Management* 129, no.5 (2003): 409-418.

11. Geoffrey H. Donovan, David T. Butry, Yvonne L. Michael, Jeffrey P. Prestemon, Andrew M. Liebhold, Demetrios Gatziolis, and Megan Y. Mao, "The Relationship between Trees and Human Health: Evidence from the Spread of the Emerald Ash Borer," *American Journal of Preventive Medicine* 44, no.2 (2013): 139-145.

12. 식목일재단의 커뮤니티 캐노피 프로그램(Community Canopy program). 이전 명칭은 에너지 절약형 나무(Energy-Saving Trees)이다.

13. Roy et al., "Impediments and Solutions to Sustainable, Watershed-Scale Urban Stormwater Management."

14. NEORSD, *Project Clean Lake: NEORSD Green Infrastructure Plan Consent Decree Requirement* (Cleveland, OH: NEORSD, n.d.)

15. NEORSD, *Green Infrastructure Plan.*

16. Joan Iverson Nassauer, *The Aesthetics of Horticulture: Neatness as a Form of Care* (Alexandria, VA: American Society for Horticultural Science, 1988).

17. Paul H. Gobster, Joan I. Nassauer, Terry C. Daniel, and Gary Fry. "The Shared Landscape: What Does Aesthetics Have to Do with Ecology?" *Landscape Ecology* 22, no.7 (2007): 959-972.

18. Charles C. Branas, Rose A. Cheney, John M. MacDonald, Vicky W' Tam, Tara D. Jackson, and Thomas R. Ten Have, "A Difference-in-Differences Analysis of Health, Safety, and Greening Vacant Urban Space," *American Journal of Epidemiology* 174, no.11 (2011): 1296-1306.; Eugenia Garvin, Charles Branas, Shimrit Keddem, Jeffrey Sellman, and Carolyn Cannuscio, "More Than Just an Eyesore: Local Insights and Solutions on Vacant Land and Urban Health," *Journal of Urban Health* 90, no.3 (2013): 412-426.

19. Gobster et al., "The Shared Landscape"; Joan Iverson Nassauer, Zhifang Wang, and Erik Dayrell, "What Will the Neighbors Think? Cultural Norms and Ecological Design," *Landscape and Urban Planning* 92, no.3-4 (2009): 282-292.

20. Shari L. Rodriguez, M. Nils Peterson, and Christopher J. Moorman, "Does Education Influence Wildlife Friendly Landscaping Preferences?" *Urban Ecosystems* 20, no.2 (2017): 489-496.

21. P. Wesley Schultz, Jessica M. Nolan, Robert B. Cialdini, Noah J. Goldstein, and Vladas Griskevicius, "The Constructive, Destructive, and Reconstructive Power of Social Norms," *Psychological Science* 18, no.5 (2007): 429-434.

22. Todd Makse and Anand E. Sokhey, "The Displaying of Yard Signs as a Form of Political Participation," *Political Behavior* 36, no.1 (2014): 189-213.

23. Larissa Larsen and Sharon L. Harlan, "Desert Dreamscapes: Residential Landscape Preference and Behavior," *Landscape and Urban Planning* 78, no.1-2 (2006): 85-100.

24. Jennifer R. Wolch, Jason Byrne, and Joshua P. Newell, "Urban Green Space, Public Health, and Environmentafl Justice: The Challenge of Making Cities 'Just Green Enough,'" *Landscape and Urban Planning* 125 (2014): 234-244.

25. National Institute of Realtors, *NAR 2017 Community Preference Survey* (Washington, DC: National Institute of Realtors, 2017).

26. Christine Haaland and Cecil Konijnendijk van den Bosch, "Challenges and Strategies for Urban Green-Space Planning in Cities Undergoing Densification: A Review," *Urban Forestry & Urban Greening* 14 (2015): 760-771.

27. "ParkScore 2018: Methodology," Trust for Public Land, accessed July 31, 2018, https://parkscore.tpl.org/methodology.php.

28. Philadelphia Water Department, *Green City Clean Waters: Implementation and Adaptive Management Plan. Consent Order & Agreement Deliverable I* (Philadelphia, PA: Philadelphia Water Department, 2011).

29. New York State Department of Environmental Conservation, *2016 Open Space Conservation Plan* (New York: New York State, 2016).

부록

이 부록에는 '공터에 활기를' 프로젝트 대상지의 배치 계획, 빗물 관리 계획 및 식재 계획이 담겨 있다.

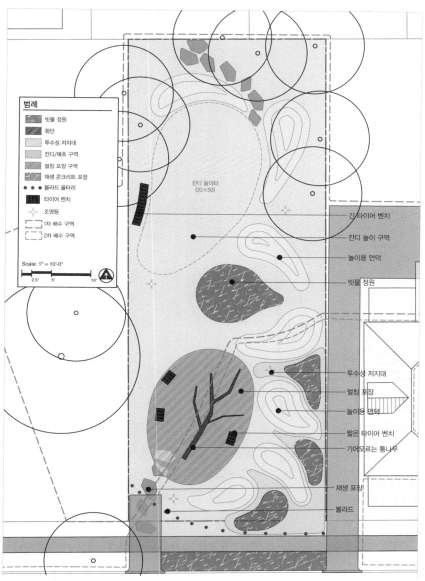

범례

- 빗물 정원
- 화단
- 투수성 저지대
- 잔디/예초 구역
- 멀칭 포장 구역
- 재생 콘크리트 포장
- ● ● ● 볼라드 울타리
- 타이어 벤치
- 조명등
- 1차 배수 구역
- 2차 배수 구역

Scale: 1" = 10'-0"
2.5' 5' 10'

잔디 놀이터
(20×50)

긴 타이어 벤치
잔디 놀이 구역
놀이용 언덕
빗물 정원

투수성 저지대
멀칭 포장
놀이용 언덕
짧은 타이어 벤치
기어오르는 통나무

재생 포장
볼라드

그림 A-1a. 자연 놀이터 경관 부지 계획

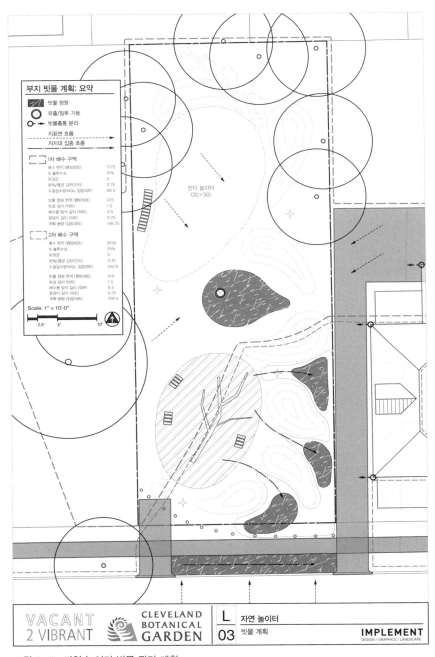

잔디 놀이터
(20×50)

그림 A-1b. 자연 놀이터 빗물 관리 계획

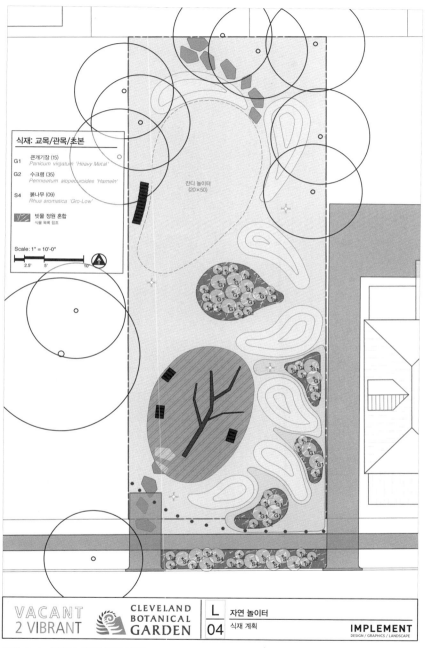

식재: 교목/관목/초본

G1   큰개기장 (15)
     Panicum virgatum 'Heavy Metal'

G2   수크령 (35)
     Pennisetum alopecuroides 'Hameln'

S4   붉나무 (09)
     Rhus aromatica 'Gro-Low'

빗물 정원 혼합
식물 목록 참조

Scale: 1" = 10'-0"

2.5'   5'   10'

잔디 놀이터
(20×50)

VACANT 2 VIBRANT   CLEVELAND BOTANICAL GARDEN

L 04   자연 놀이터
식재 계획

IMPLEMENT
DESIGN / GRAPHICS / LANDSCAPE

그림 A-1c. 자연 놀이터 식재 계획

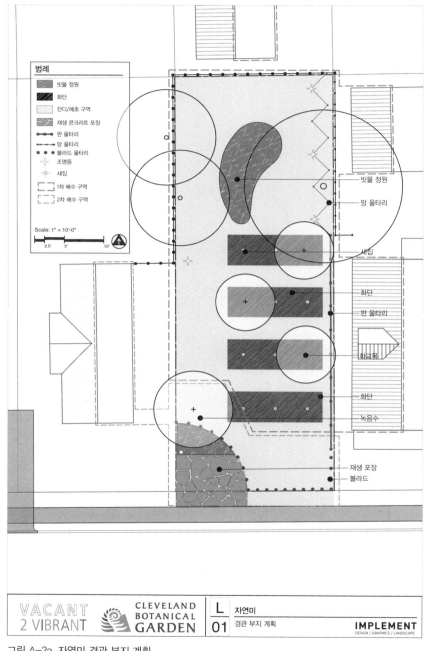

범례

- 빗물 정원
- 화단
- 잔디/예초 구역
- 재생 콘크리트 포장
- 판 울타리
- 망 울타리
- 볼라드 울타리
- 조명등
- 새집
- 1차 배수 구역
- 2차 배수 구역

Scale: 1" = 10'-0"

2.5'   5'   10'

빗물 정원

망 울타리

새집

화단

판 울타리

화교목

화단

녹음수

재생 포장

볼라드

VACANT 2 VIBRANT

CLEVELAND BOTANICAL GARDEN

L 01

자연미
경관 부지 계획

IMPLEMENT
DESIGN / GRAPHICS / LANDSCAPE

그림 A-2a. 자연미 경관 부지 계획

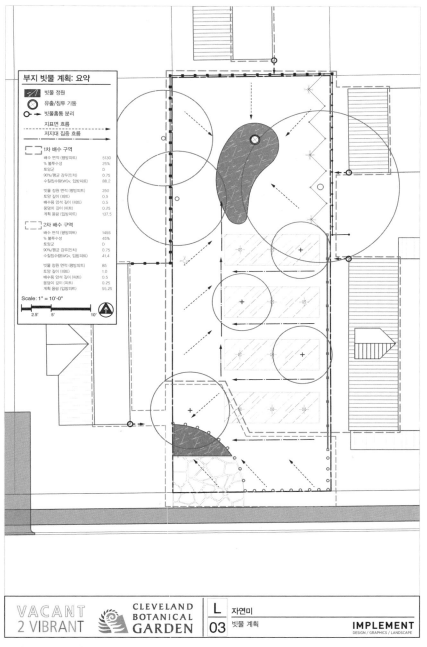

부지 빗물 계획: 요약

빗물 정원
유출/침투 기둥
빗물홈통 분리
지표면 흐름
저지대 집중 흐름

1차 배수 구역
배수 면적 (평방피트)   5130
% 불투수성   25%
토양군   D
90%/평균 강우(인치)   0.75
수질침수량WQv, 입방피트)   88.2

빗물 정원 면적 (평방피트)   250
토양 깊이 (피트)   0.5
배수용 암석 깊이 (피트)   0.5
웅덩이 깊이 (피트)   0.25
계획 용량 (입방피트)   137.5

2차 배수 구역
배수 면적 (평방피트)   1455
% 불투수성   45%
토양군   D
90%/평균 강우(인치)   0.75
수질침수량WQv, 입방피트)   41.4

빗물 정원 면적 (평방피트)   85
토양 깊이 (피트)   1.0
배수용 암석 깊이 (피트)   0.5
웅덩이 깊이 (피트)   0.25
계획 용량 (입방피트)   55.25

Scale: 1" = 10'-0"
2.5'   5'   10'

VACANT 2 VIBRANT   CLEVELAND BOTANICAL GARDEN

L 03   자연미
빗물 계획

IMPLEMENT
DESIGN / GRAPHICS / LANDSCAPE

그림 A-2b. 자연미 빗물 관리 계획

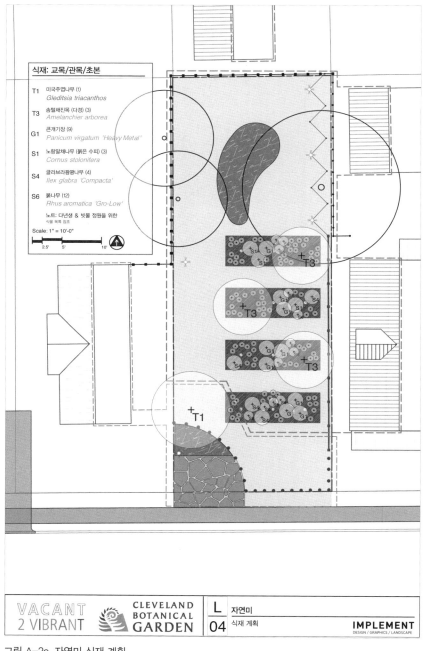

식재: 교목/관목/초본

T1 미국주엽나무 (1)
    Gleditsia triacanthos

T3 솜털채진목 (다경) (3)
    Amelanchier arborea

G1 큰개기장 (9)
    Panicum virgatum 'Heavy Metal'

S1 노랑말채나무 (붉은 수피) (3)
    Cornus stolonifera

S4 글라브라꽝꽝나무 (4)
    Ilex glabra 'Compacta'

S6 붉나무 (12)
    Rhus aromatica 'Gro-Low'

노트: 다년생 & 빗물 정원을 위한
식물 목록 참조

Scale: 1" = 10'-0"

2.5'   5'   10'

VACANT 2 VIBRANT

CLEVELAND BOTANICAL GARDEN

L 04 자연미
      식재 계획

IMPLEMENT
DESIGN / GRAPHICS / LANDSCAPE

그림 A–2c. 자연미 식재 계획

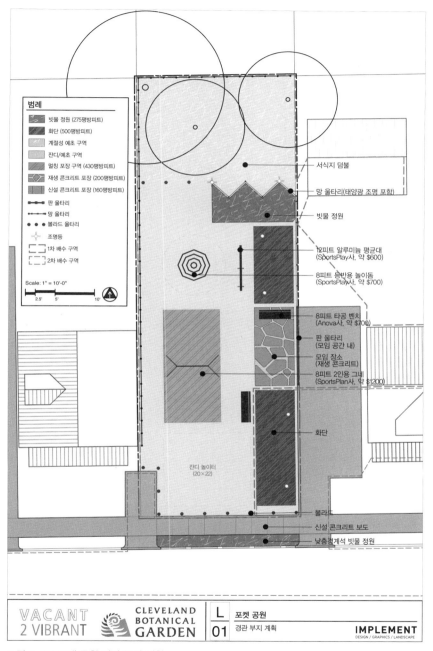

범례

- 빗물 정원 (275평방피트)
- 화단 (500평방피트)
- 계절성 예초 구역
- 잔디/예초 구역
- 멀칭 포장 구역 (430평방피트)
- 재생 콘크리트 포장 (200평방피트)
- 신설 콘크리트 포장 (160평방피트)
- 판 울타리
- 망 울타리
- 볼라드 울타리
- 조명등
- 1차 배수 구역
- 2차 배수 구역

Scale: 1" = 10'-0"

2.5' 5' 10'

서식지 덤불

망 울타리(태양광 조명 포함)

빗물 정원

12피트 알루미늄 평균대
(SportsPlay사, 약 $600)

8피트 등반용 놀이돔
(SportsPlay사, 약 $700)

8피트 타공 벤치
(Anova사, 약 $700)

판 울타리
(모임 공간 내)

모임 장소
(재생 콘크리트)

8피트 2인용 그네
(SportsPlan사, 약 $1200)

화단

볼라드

신설 콘크리트 보도

낮춤청계석 빗물 정원

잔디 놀이터
(20×22)

VACANT 2 VIBRANT

CLEVELAND BOTANICAL GARDEN

L 01 포켓 공원
경관 부지 계획

IMPLEMENT
DESIGN / GRAPHICS / LANDSCAPE

그림 A-3a. 포켓 공원 경관 부지 계획

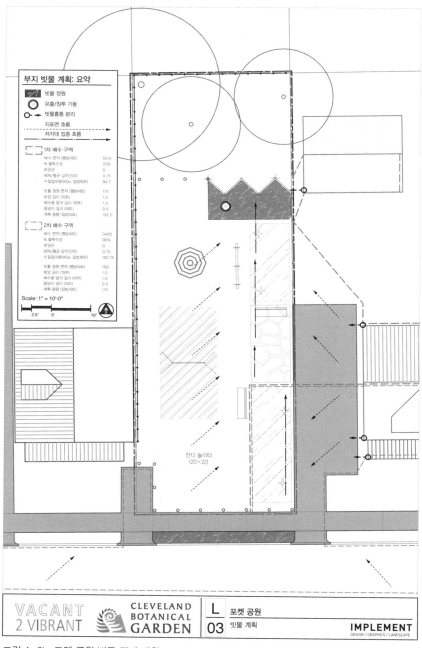

잔디 놀이터
(20 × 22)

그림 A-3b. 포켓 공원 빗물 관리 계획

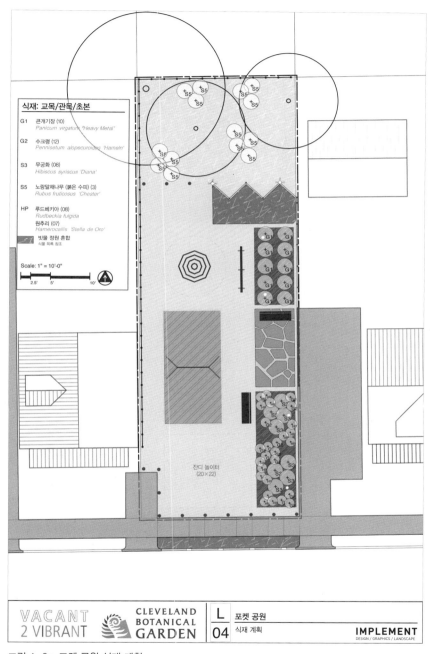

식재: 교목/관목/초본

G1 큰개기장 (10)
Panicum virgatum 'Heavy Metal'

G2 수크령 (12)
Pennisetum alopecuroides 'Hameln'

S3 무궁화 (08)
Hibiscus syriacus 'Diana'

S5 노랑말채나무 (붉은 수피) (3)
Rubus fruticosus 'Chester'

HP 루드베키아 (08)
Rudbeckia fulgida
원추리 (07)
Hamerocallis 'Stella de Oro'

빗물 정원 혼합
식물 목록 참조

Scale: 1" = 10'-0"

2.5'   5'   10'

잔디 놀이터
(20×22)

VACANT 2 VIBRANT   CLEVELAND BOTANICAL GARDEN

L 04   포켓 공원
식재 계획

IMPLEMENT
DESIGN / GRAPHICS / LANDSCAPE

그림 A-3c. 포켓 공원 식재 계획

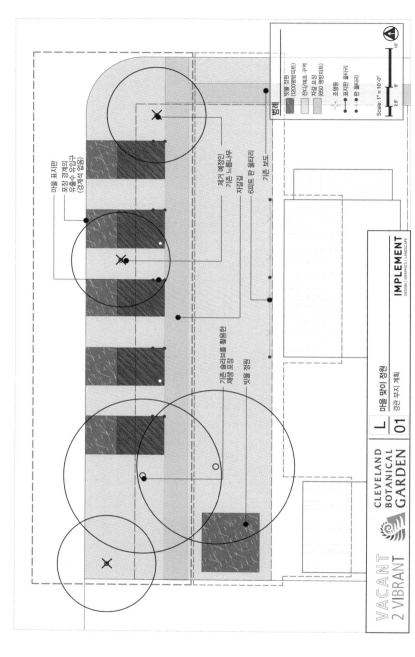

그림 A-4a. 마을 맞이 정원 정관 부지 계획

범례
빗물 정원 (1200평방피트)
잔디/에코 구역
자갈 포장 (650 평방피트)
조명등
표지판 울타리
판 울타리

Scale: 1" = 10'-0"
2.5' 5' 10'

마을 표지판
포장 경계의 유출수 유입구 (경계석 없음)

제거 예정인 기존 느릅나무
자갈길
6피트 판 울타리
기존 보도

기존 슬라브브를 활용한 재생 포장
빗물 정원

VACANT 2 VIBRANT
CLEVELAND BOTANICAL GARDEN

마을 맞이 정원
경관 부지 계획
L 01

IMPLEMENT
DESIGN / GRAPHICS / LANDSCAPE

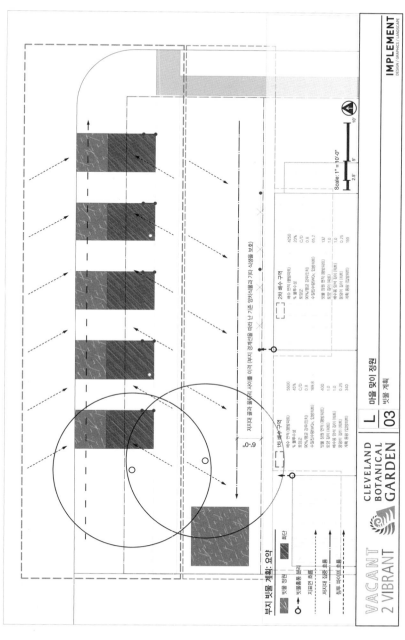

그림 A-4b. 마을 맞이 정원 빗물 관리 계획

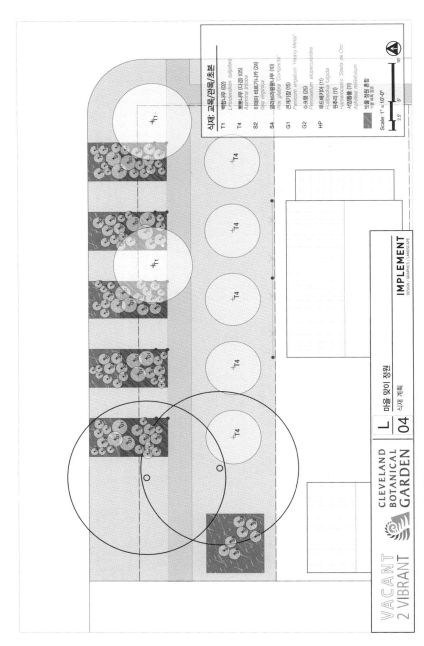

식재: 교목/관목/초본

T1	백합나무 (02)	*Liriodendron tulipifera*
T4	뽕나무 (다섯) (05)	*Asimina triloba*
S2	이태아 비르기나카 (24)	*Itea virginica*
S4	글라브라병나무 (10)	*Ilex glabra 'Compacta'*
G1	근개가장 (15)	*Panicum virgatum 'Heavy Metal'*
G2	수크령 (25)	*Pennisetum alopecuroides*
HP	롸드베키아 (11)	*Rudbeckia fulgida*
	원추리 (11)	*Hemerocallis 'Stella de Oro'*
	서양톱풀 (11)	*Achillea millefolium*

식물 정렬 혼합
식물 배치 참조도

Scale: 1" = 10'-0"

10'
5'
2.5'

VACANT
2 VIBRANT

CLEVELAND
BOTANICAL
GARDEN

IMPLEMENT
DESIGN / GRAPHICS / LANDSCAPE

L | 마을 맞이 정원
04 | 식재 계획

그림 A-4c. 마을 맞이 정원 식재 계획

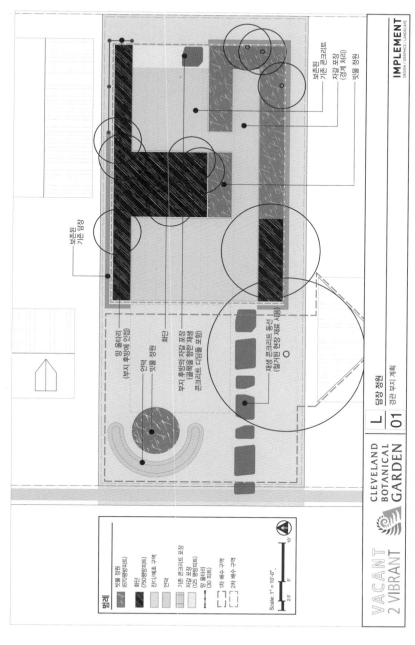

그림 A–5a. 담장 정원 경관 부지 계획

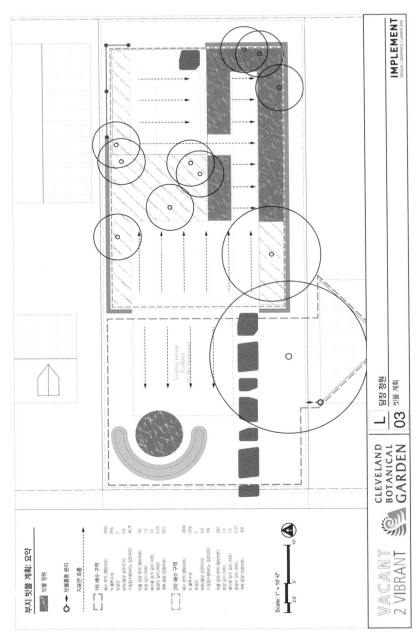

그림 A-5b. 담장 정원 빗물 관리 계획

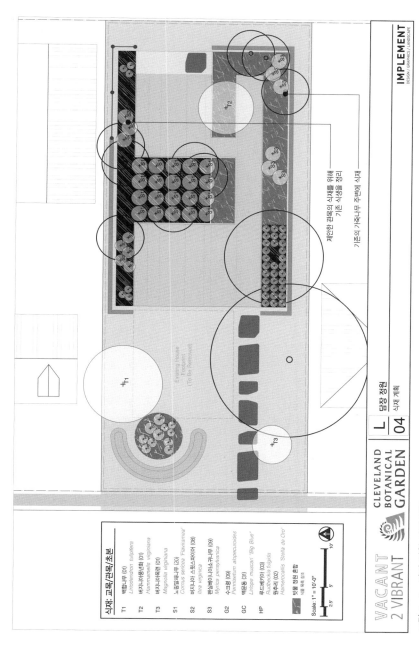

식재: 교목/관목/초본

T1 백합나무 (01)
    Liriodendron tulipifera
T2 버지니아풍년화 (01)
    Hamamelis virginiana
T3 버지니아목련 (01)
    Magnolia virginiana
S1 노랑말채나무 (20)
    Cornus sericea 'Flaviramea'
S2 버지니아 스윗스파이어 (08)
    Itea virginica
S3 펜실베이니아소귀나무 (09)
    Myrica pensylvanica
G2 수크령 (09)
    Pennisetum alopecuroides
GC 맥문동 (31)
    Liriope muscari 'Big Blue'
HP 루드베키아 (03)
    Rudbeckia fulgida
    원추리 (02)
    Hemerocallis 'Stella de Oro'

Scale: 1" = 10'-0"

2.5' 5' 10'

제안된 관목의 식재를 위해
기존 식생을 정리

기존의 가죽나무 주변에 식재

Existing House
Footprint
(To Be Removed)

L 담장 정원
04 식재 계획

CLEVELAND
BOTANICAL
GARDEN

IMPLEMENT
DESIGN / GRAPHICS / LANDSCAPE

VACANT
2 VIBRANT

그림 A-5c. 담장 정원 식재 계획

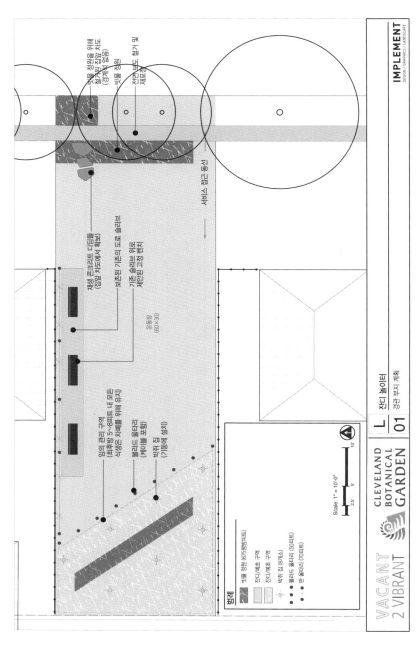

그림 A-6a. 잔디 놀이터 경관 부지 계획

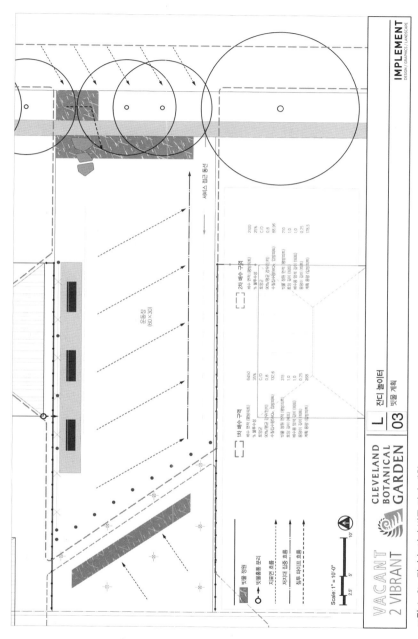

그림 A-6b. 잔디 놀이터 빗물 관리 계획

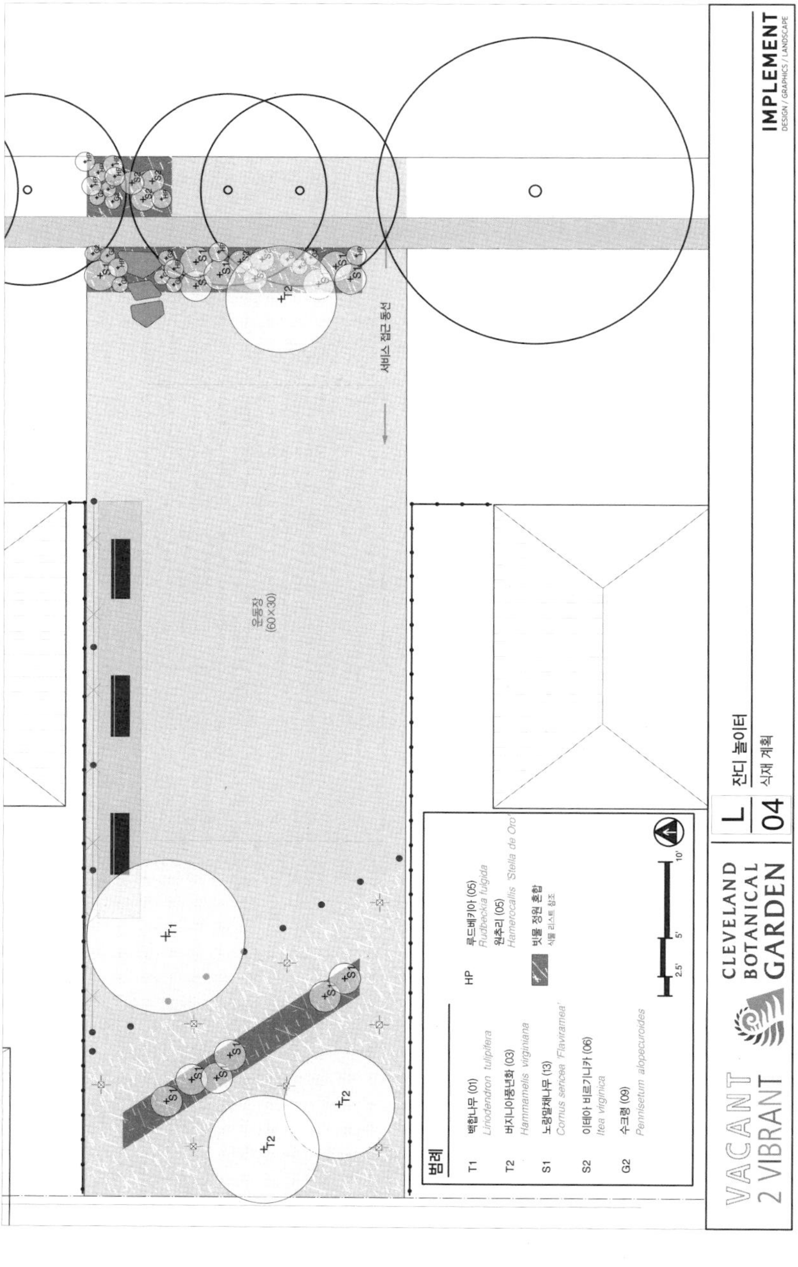

범례

T1　백합나무 (01)
　　Liriodendron tulipfera

T2　버지니아풍년화 (03)
　　Hamamelis virginiana

S1　노랑말채나무 (13)
　　Cornus sericea 'Flaviramea'

S2　이테아 비료기니카 (06)
　　Itea virginica

G2　수크령 (09)
　　Pennisetum alopecuroides

HP　루드베키아 (05)
　　Rudbeckia fulgida

　　원추리 (05)
　　Hemerocallis Stella de Oro

　　식물 정원 혼합
　　식물 리스트 참조

CLEVELAND
BOTANICAL
GARDEN

VACANT
2 VIBRANT

IMPLEMENT
DESIGN GRAPHICS | LANDSCAPE

L 잔디 놀이터
04 식재 계획

그림 A-6c. 잔디 놀이터 식재 계획

eco logic STUDIO
2495 MAIN ST.
SUITE 431
BUFFALO, NY 14214
716.834.9588

PUSH Blue
Green Infrastructure
Projects

Project #	1230
DRAWN BY:	jml
16 July 2012	
PROPOSED PLAN	
608 WEST UTICA	
DWG. NO.	18

범례

PROPERTY INFO:
PER CITY OF BUFFALO
ON-LINE MAPPING
PARCEL VIEWER

SOILS:
HYDROLOGIC SOIL GROUP D

RAIN GARDEN:
$A_r = 292.2$ sf $A_{18} = 541.9$ sf
$A_t = A_1 + A_2 = 834.1$ sf
$A_o = 4,832.3$ sf
$I = A_t/A_o = 17.2\%$
$WQ_v = 75$ cf

PONDING DEPTH = 6"
$P_{80} = 0.20$ (1'-0" DEPTH)
$P_{bs} = 0.40$ (1'-0" DEPTH)
$A_{rb} = 72$ sf
$V_t = 79$ cf

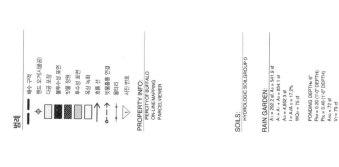

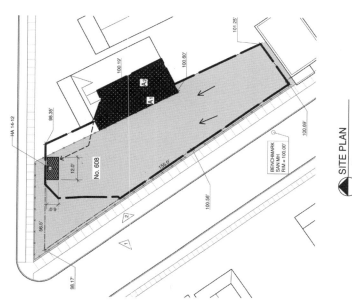

SITE PLAN

그림 A-7a. 양묘원 경관 부지 및 빗물 관리 계획

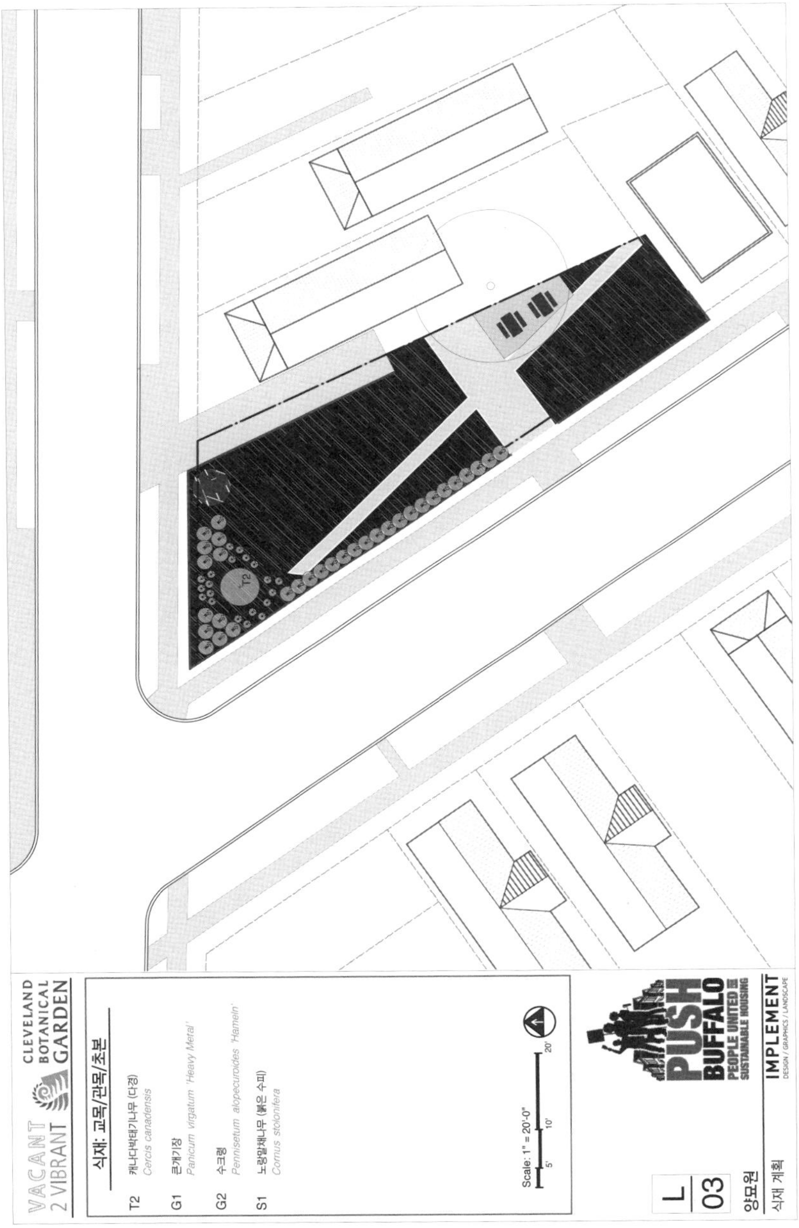
VACANT 2 VIBRANT
CLEVELAND BOTANICAL GARDEN
식재: 교목/관목/초본
T2 캐나다박태기나무 (다경) Cercis canadensis
G1 큰개기장 Panicum virgatum 'Heavy Metal'
G2 수크령 Pennisetum alopecuroides 'Hameln'
S1 노랑말채나무 (붉은 수피) Cornus stolonifera
Scale: 1" = 20'-0"
5'
10'
20'
T2
PUSH BUFFALO
PEOPLE UNITED FOR SUSTAINABLE HOUSING
IMPLEMENT
DESIGN / GRAPHICS / LANDSCAPE
L
03
양묘원
식재 계획

그림 A-7b. 양묘원 식재 계획

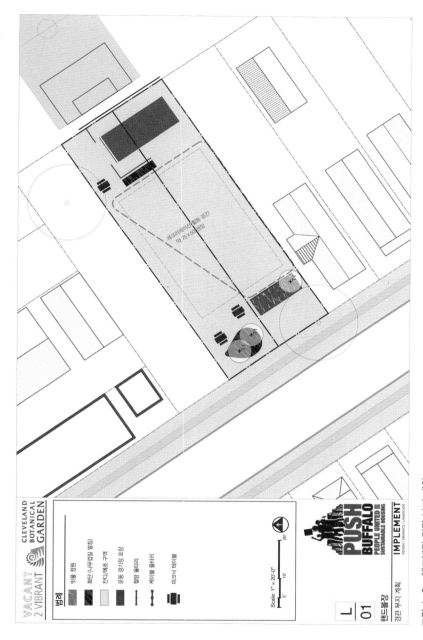

레크리에이션 활동 공간
약 75 × 50 피트

그림 A-8a. 핸드볼장 경관 부지 계획

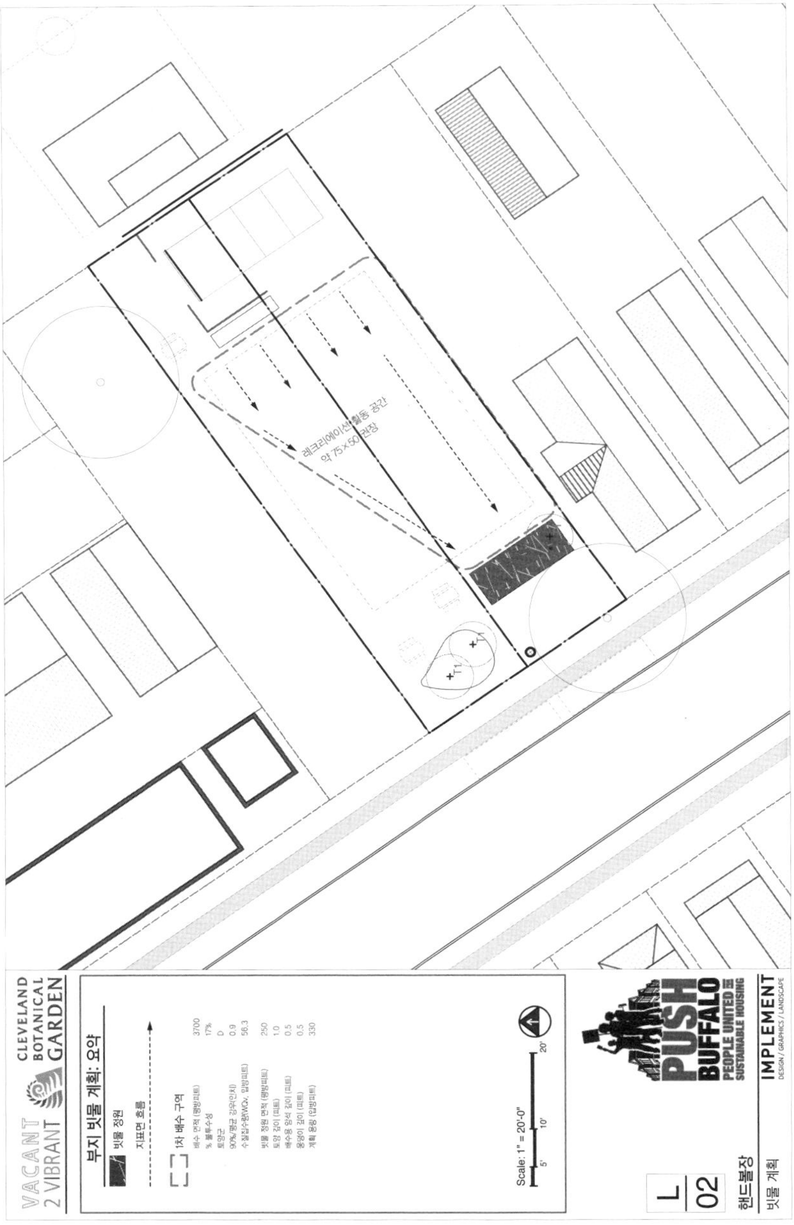

그림 A-8b. 핸드볼장 빗물 관리 계획

VACANT
2 VIBRANT

CLEVELAND
BOTANICAL
GARDEN

식재: 교목/관목/초본

T1   미국주엽나무 (7)
     Gleditsia triacanthos

G1   큰개기장 (12)
     Panicum virgatum 'Heavy Metal'

G2   수크령 (5)
     Pennisetum alopecuroides 'Hameln'

S1   노랑말채나무 (붉은 수피) (03)
     Cornus sericea

S2   버지니아 스윗스파이어 (4)
     Itea virginica

Scale: 1" = 20'-0"
5'   10'   20'

L
03

핸드볼장
식재 계획

PUSH
BUFFALO
PEOPLE UNITED 포
SUSTAINABLE HOUSING

IMPLEMENT
DESIGN / GRAPHICS / LANDSCAPE

레크리에이션활동 공간
약 75×50 면적

그림 A–8c. 핸드볼장 식재 계획

그림 A–9. 모퉁이 공원 빗물 관리 계획

VACANT 2 VIBRANT

CLEVELAND BOTANICAL GARDEN

부지 빗물 계획: 요약

빗물 정원

빗물흐름 관리
향후의 빗물흐름 관리 (추후 경첩)
지표면 흐름. 흐름
빗물 정원으로 파이프 연결

1차 배수 구역

배수 면적 (평방피트)	2600
% 불투수성	33%
목표치	0.9
90% 강우시 관리용량	74.9
수심(규모/변RX3, 입방피트)	177
포장 정원 면적 (평방피트)	0
포장 깊이 (피트)	1.0
최하층 깊이 (입방피트)	0.25
계획 용량 (입방피트)	550.45

2차 배수 구역

배수 면적 (평방피트)	1475
% 불투수성	30%
목표치	0.9
90% 강우시 (규모단위)	35.4
수심(규모/변RX3, 입방피트)	
빗물 정원 면적 (평방피트)	100
포장 깊이 (피트)	1.0
최하층 깊이 (입방피트)	0.25
계획 용량 (입방피트)	85

Scale: 1" = 20'-0"
5'   10'   20'

PUSH BUFFALO
PEOPLE UNITED FOR SUSTAINABLE HOUSING

MPLEMENT
...DSIGN / GRAPHICS / LANDSCAPE

L 02

모퉁이 공원
빗물 계획

감사의 말
'공터에 활기를'이 있기까지

'공터에 활기를' 프로젝트는 수년에 걸쳐 많은 사람과 기관의 협력이 있어 가능했다. 그들의 시간과 에너지에 깊이 감사드린다.

세 도시에서 작업의 전반을 코디네이팅하는 데 큰 도움이 되었던 '공터에 활기를' 중앙 팀에 감사드린다. 라이언 매킨Ryan Mackin은 주민 피드백을 수집하고 전반적인 지원을 제공해주고 이 책의 여러 장에 녹아들어 있는 보고서 작성을 도맡았다.

이 프로젝트에 수백 시간을 투자해 준 자원 활동가 조셉 쿤스Joseph Koonce와 패티 바즈Patti Barz가 아낌없이 제공해 준 전문성과 멘토링을 받을 수 있었던 것은 행운이었다. '공터에 활기를' 프로젝트의 초기 단계를 수립하고 이끌었던 게리 시 웅거Geri Unger에게도 빚을 졌다. 조셉 쿤스는 생태 모니터링을 위해 필수적인 기술 감수를 해주었고, 또 이 책에 포함된 글 내용과 아이디어도 제공해 주었다.

각 도시의 팀 리더였던 게리 시의 브렌다 스콧 헨리Brenda Scott Henry와 버팔로 지역 안정화 조합의 제니퍼 카민스키Jenifer Kaminsky는 게리 시와 버팔로에서 진행된 '공터에 활기를' 프로젝트의 모든 부분에서 핵심 인물이었다. 수년간의 협력에 깊이 감사한다.

아이디어와 주민 피드백을 '공터에 활기를'의 본체라고 볼 수 있는 예술 작품과 설계안으로 재해석한 프로젝트 설계가 션 버크홀더Sean Burkholder와 제이슨 켄트너Jason Kentner에게 고마움을 전한다. 버팔로 프로젝트에서는 지속가능한 주거를 위한 시민 연대의 조슈아 스미스Joshua Smith의 추가 설계 및 공사 지원에 감사하다.

'공터에 활기를' 프로젝트에 대한 금융 지원은 오대호 보호기금에서 왔다(프로젝트 949와 949.01). 섀넌 돈리Shannon Donley가 많은 문제를 완화해 주었고, 그녀와 에이미 엘레지Amy Elledge, 데이빗 랜킨David Rankin의 날카로운 질문을 통해 이 프로젝트를 정교하게 만들고 영향력을 확장시킬 수 있었다.

게리 시의 경우, 애트나 지역 주민들과 캐런 프리먼-윌슨Karen Freeman-Wilson 시장, 뎁 백커스Deb Backhus, 마틴 브라운Martin Brown, 쥬얼 코디Jewel Cody, 조셉 반 딕Joseph Van Dyk, 세드릭 퀴켄달Cedric Kuykendall과 도시보존 팀, 그리고 게일 반 세슨Gayle Van Sessen에게도 감사 인사를 드리고 싶다. 버팔로에서는 푸시 블루PUSH Blue 팀원 등 지속가능한 주거를 위한 시민 연대의 동료들, 그리고 웨스트사이드의 주민들에게 감사드린다. 클리블랜드에서 '공터에 활기를' 프로젝트는 크레스트우드Crestwood, 쉐일Shale, 홀다 에비뉴Hulda Avenue 주민들의 계속된 참여, 그리고 서부 보존지구 컨서번시의 재클린 길론Jacqueline Gillon과 동료들, 마이크 서플러Mike Supler, 낸시 보일런Nancy Boylan, 먼로 바이넘Monroe Bynum, 테드 아우크Ted Auch, 그리고 세인트 루크 재단Saint Luke's Foundation의 유지 관리 지원을 통해 가능했다.

이 책을 출판할 기회를 준 아일랜드 프레스Island Press 출판사, 특히 프로젝트가 책으로 발전할 잠재력을 보고, 구조와 흐름에 대한 도움과 피드백을 준 편집자 코트니 릭스Courtney Lix에게 너무도 감사하다. 그리고 전체 제작 과정에 도움을 준 새리스 시모니언Sharis Simonian에게도 감사 인사를 전한다.

지은이 산드라 알브로

찾아보기